福建省自然基金“CVM 评价森林景区游憩价值的效度和信度研究”（2015J01280）
福建省高校特色新型智库生态文明研究中心基金“森林景区游憩价值评价研究”（KXJD1846A）
福建农林大学科技专项基金“基于 CVM 二分式调查方法的森林公园游憩价值评估研究”
（闽农林大科 [2016]42 号 -33）

CVM 评估森林景区游憩价值的理论与实证研究

黄秀娟　著

吉林大学出版社
·长春·

图书在版编目（CIP）数据

CVM评估森林景区游憩价值的理论与实证研究 / 黄秀娟著 . —长春 : 吉林大学出版社 , 2020.7
ISBN 978-7-5692-6616-0

Ⅰ . ① C… Ⅱ . ①黄… Ⅲ . ①国家公园－森林公园－风景区规划－评估方法－研究 Ⅳ . ① S759.91

中国版本图书馆CIP数据核字 (2020) 第103507号

书　　名　CVM评估森林景区游憩价值的理论与实证研究
CVM PINGGU SENLIN JINGQU YOUQI JIAZHI DE LILUN YU SHIZHENG YANJIU

作　　者　黄秀娟　著
策划编辑　李承章
责任编辑　安　斌
责任校对　刘守秀
装帧设计　云思博雅

出版发行　吉林大学出版社
社　　址　长春市人民大街4059号
邮政编码　130021
发行电话　0431-89580028/29/21
网　　址　http://www.jlup.com.cn
电子邮箱　jdcbs@jlu.edu.cn
印　　刷　北京虎彩文化传播有限公司
开　　本　787 mm × 1092 mm　1/16
印　　张　14
字　　数　230千字
版　　次　2020年7月第1版
印　　次　2020年7月第1次
书　　号　ISBN 978-7-5692-6616-0
定　　价　88.00元

序

党的十八大报告明确提出，要节约集约利用资源，提高资源利用效率与效益。我国森林公园肩负着生态保护和森林游憩两大重要功能。提高生态保护和森林游憩的综合利用效益与效率，是我国森林公园管理的宗旨。然而随着我国越来越多的森林公园转变为公益型森林公园，如何评价森林公园的游憩效益成为森林公园管理中面临的一个现实问题。

条件价值评估法（contingent valuaiton method，CVM）作为评估公共物品价值的一种重要方法，在欧美等50多个主要发达国家和部分发展中国家以及世界银行等国际重要机构获得了广泛的认可与实践应用。截至2000年，国际上有关CVM的研究文献已经超过2 000篇，在欧美发达国家以环境为主的多个领域得到应用。但1989年因一场灾难引发的基于CVM的价值评估研究重心开始从简单的案例评估向深入探讨这一方法本身的有效性、可靠性等理论问题转化。CVM价值评估的可信度也一直饱受质疑。进入21世纪以来，中国学者利用CVM开展的研究和成果越来越多，研究领域也越来越广泛，但研究成果在现实中的实践应用极少，至今未见在森林游憩资源价值评估的实践应用。一些国外学者针对发展中国家的研究显示，CVM在发展中国家的价值偏差会大于发达国家。一些国内学者的研究也支持了这一观点。CVM在森林旅游资源评价中到底可信度有多大？带着这一问题，笔者查阅了大量文献资料，发现虽然人们利用CVM进行的案例研究越来越多，但对CVM的介绍不系统、不全面，研究对象高度集中于几个世界知名森林公园。知名森林公园存在价值和遗产价值等非使用价值较大，这是否是导致偏差的主要原因？为此，笔者以非使用价值相对较小的福州国家森林公园为案例，申报了福建省自然基金项目，在福建省自然基金项目以及后期的福建农林大学专项资金的资助下，对福州国家森林公园开展了连续三年的调查，形成了本书的成果。

针对当前有关CVM的国内外研究现状，本书的研究主要包括两大部分。第一部分为理论部分，系统介绍CVM评估森林景区游憩价值的理论。鉴于当前对CVM的理论介绍相对较少且比较分散，本书对CVM用于评价森林景区游憩价值的理论进行系统介绍，包括CVM的经济学理论基础、评估可能存在的偏差及其原因、平均支付意愿的估值方法与有效性和可靠性检验方法等。第二部分为实证部分。以福州国家森林公园为例，从调查方案设计、问卷设计、平均支付意愿的估值、信度检验、效度检验等方面实证说明如何在问卷设计和调查过程控制偏差，支付卡引导技术问卷和二分式引导技术问卷如何设计，支付卡引导技术下如何进行参数方法和非参数方法的估值，二分式引导技术下如何进行参数方法和非参数方法的估值，如何进行内容效度、收敛效度和理论效度检验，如何进行稳定性检验等。

本书介绍的研究内容体现如下几点特色：

第一，以森林景区游憩价值评估为研究范畴，对CVM评估理论进行系统梳理与归纳。将有助于修正人们通过零星学习产生的对概念和方法的不准确理解和不全面认识，帮助人们形成关于CVM的全面系统知识，尽可能地避免CVM方法在问卷设计、调查、估值时的偏差，形成有效和可信的估计。

第二，当前国内有关游憩价值评估的仅有的几个研究案例主要以九寨沟、张家界等世界遗产地为研究对象。这些景区具有较大的非使用价值，“嵌入式”偏差非常大。本课题以非世界遗产地福州国家森林公园为例，在收敛有效性检验时能够有效避免“嵌入式”偏差导致的伪问题。将方法本身产生的偏差和方法应用不当产生的偏差有效区分开来。

第三，本研究所涉及的问卷调查时间持续三年，问卷类型既有支付卡引导技术下的问卷，又有二分式引导技术下的问卷。从而保证了实证研究部分能够采用多样化的估值方法、多样化的内容效度检验方法、多样化的理论效度研究方法和时间稳定性检验方法，使不同方法之间相互印证，确保了研究结果的可信度。

研究以福州国家森林公园为例，验证了CVM在评价森林景区的游憩价值时具有较好的理论效度和内容效度，说明大多数游客在填写问卷时相当理智、真实。利用CVM得到的森林公园游憩价值与利用TCM得到的森林公园游憩价值相差较大，利用WTP方法得到的平均支付意愿值与利用WTA方法得到的平均补偿意愿值相差较大，说明收敛效度较差。利用三个阶段的问卷分别进行的平均支付意愿的估值显著，CVM具有较好的时间稳定性。因此，综合来看，通过较好的问卷设计和调查过程控制，利用CVM对森林公园游憩价值的估值是有效的、可信的，可以作为评价森林景区游憩价值的重要方法。

本研究及本书的出版得到了福建省自然基金和福建农林大学科技创新专项基金的资助。问卷调查得到4位硕士研究生和30多位本科生的支持，在此深表感谢。由于问卷涉及问题较多，占用了游客宝贵的时间，非常感谢大多数游客的理解与配合，他们耐心与调查员进行交流，正确理解每一个问题，真实地完成每一个问题。当然，调查中也遇到了少数游客不愿意配合，甚至个别有意刁难调查员的情况。笔者深感进行田野调查的不易，因此非常希望把调查结果如实反映出来，以回报大家付出的努力，为CVM在我国森林景区游憩价值评估中的应用与推广贡献一分力量。

黄秀娟

2019年5月1日

目 录

第1章　绪论

1.1　研究背景

随着我国生态文明建设的推进，林业在保护生态环境和提供户外休闲娱乐空间方面发挥着越来越重要的作用。2011年国家林业局、国家旅游局共同出台了《国家林业局、国家旅游局关于加快发展森林旅游的意见》，把发展森林旅游提升到国家发展的战略高度。截至2017年底，全国共建立3 505处森林公园，规划总面积达到2 028.19万hm^2（1 hm^2=10 000 m^2）。在森林公园规模不断扩大的背景下，越来越多的森林公园免收门票，成为公益性森林公园。根据国家林业局对2 371处森林公园的统计，有1 147处森林公园（其中国家级261处）免收门票（国家林业和草原局，2018）。公益型森林公园的发展，使森林游憩价值的评价成为森林游憩资源管理以及资源产权转让时面临的迫切现实问题。

CVM的思想最初由Ciriacy-Wantrup（1947）提出，他意识到土壤侵蚀防治措施会产生具有公共物品性质"正的外部效益（extra market benefits）"，这种效益无法直接测定，但是可以通过调查人们对这些效益的支付意愿来评价这些效益。Davis（1963）首次将CVM应用于研究缅因州林地宿营、狩猎的娱乐价值的实践。20世纪60年代，人们逐渐认识到两种主要的非使用价值，选择价值和存在价值，是环境资源总经济价值的重要组成部分，作为当时唯一一种能够评估非使用价值的方法，CVM很快获得广泛的应用。从研究对象来看，CVM最初应用于旅游资源的娱乐游憩价值评估，其后扩展到大气质量、水质、公共卫生和生物多样性等诸多领域。经过四十余年的发展，CVM被运用到游憩、美学、生物多样性、生态系统恢复、健康风险和文化艺术等多个领域价值评估的理论研究中，在欧美等主要发达国家和部分发展中国家以及世界银行等重要国际机构获得了大量的实践应用。

CVM在20世纪80年代引入中国，最初主要应用于生物多样性、生态系统服务以及环境质量领域（薛达元，1997；白墨，2001；张志强，2002；徐中民，2002）。近年来，对旅游资源游憩价值及非使用价值的研究开始增多（郭剑英，2005；刘亚萍，2006；许丽忠，2007；张金泉，2007；刘彩霞，2008；郭亮，2008；于雯雯，2008；蔡银莺，2008）。在研究目的和成果应用方面，国外的CVM评估已经开始应用于旅游资源的损害补偿（NOAA，1993）、旅游业的成本-收益分析(Ruijgrok，2006；Kim，2007；Dutta，2007)、门票价格制定（Tuan，2008；Verbic，2009）和遗产资源修复（Salazar，2005）等领域，国内的相关研究仍停留在学术探讨层面，尚未有实践应用的案例。主要原因是CVM评估方法是基于假想市场前提下对被调查对象的主观判断，主观性比较强，其评估结果与实际值可能存在较多偏差，故该方法的有效性和可信性受到质疑。本书在对CVM进行全面系统的分析之后，以福建省福州国家森林公园为研究对象，对游客进行了连续三年的跟踪调查。对CVM方法评价森林游憩价值时的评估方法进行了详细的介绍，对有效性、稳定性以及理论上存在的各种偏差进行了实证检验，提出了应用中应该注意的问题以及偏差控制的措施。研究成果可为各类森林旅游经营者了解和掌握利用CVM评价森林游憩价值提供重要参考。

1.2 我国森林公园发展介绍

1.2.1 我国森林公园发展规模

中国是世界上森林风景资源丰富的国家之一。伴随着国内外居民对户外休闲娱乐需求的日益增加，为了科学保护和积极利用丰富的森林风景资源，我国于1982年建立了第一个国家森林公园——张家界国家森林公园，其后森林公园建设快速发展。经过近40年的建设，经历了起步阶段（1982—1990年）、探索阶段（1991—2000年）、快速发展阶段（2001—2010年）和提升阶段（2011年以后）（兰思仁 等，2014），形成了以国家森林公园为骨干，国家、省(区)和市(县)3级森林公园相结合的发展框架，森林公园的分布范围已遍及31个省、自治区、直辖市(不含港、澳、台数据，全书同)。截至2017年底，我国已建立的各级森林公园数量达到3 505处，建设面积达到2 028.19万hm^2。其中：国家级森林公园 881 处、国家级森林旅游区 1 处，面积 1 441.05 万 hm^2；省级森林公园 1 447 处，面积 448.14 万 hm^2；县（市）级森林公园 1 176 处，面积 139 万 hm^2（见图 1-1，图 1-2）。从区域分布来看，广东、浙江、山东、江西、河南、福建、山西、四川、湖南、江苏和河北 11 个省的森林公园数量较多，总数超过 100 处（见图 1-3）。而从各省森林公园的面积来看，除了龙江森工之外，超过 100 万 hm^2 的省份（自治区）有 5 个，依次为吉林、四川、新疆、西藏和广东（见图 1-4）。

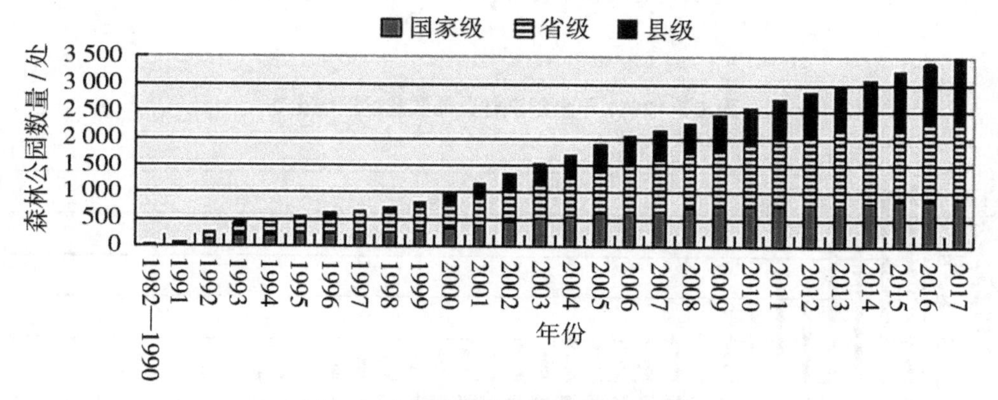

图 1-1　全国森林公园数量的年度变化

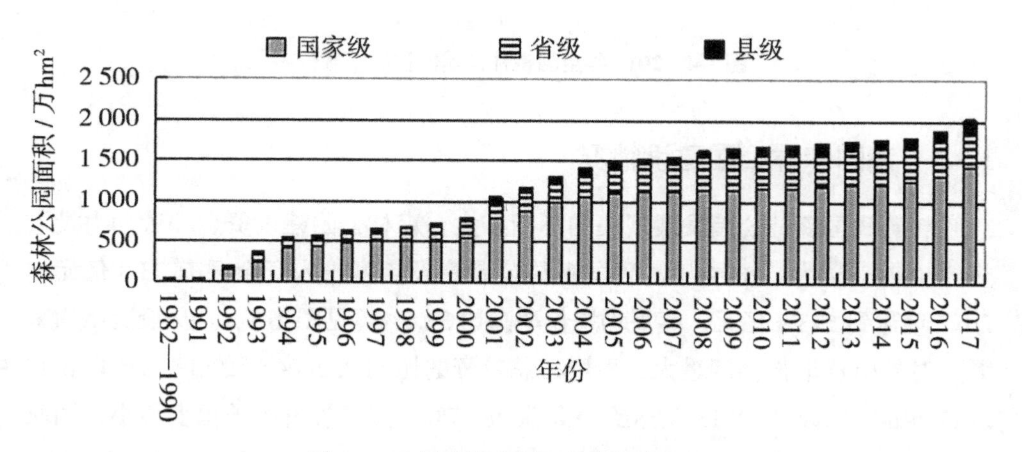

图 1-2　全国森林公园面积的年度变化

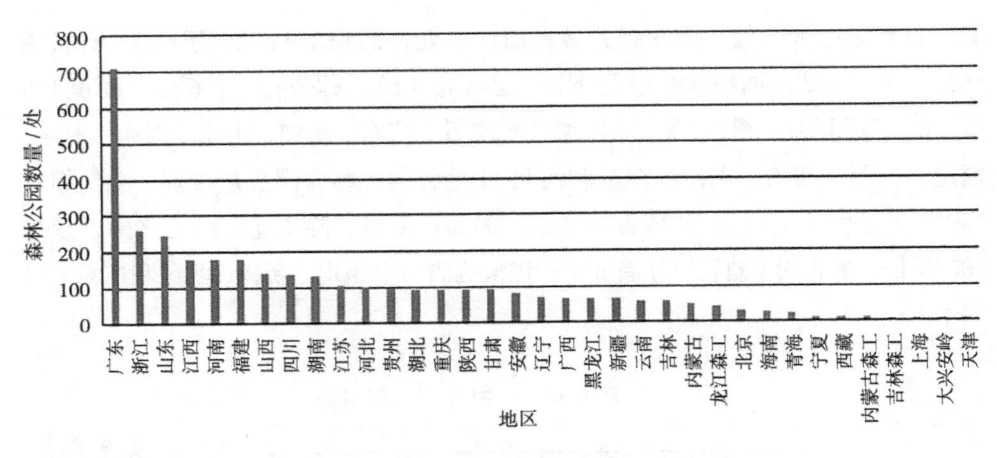

图 1-3　2017 年全国森林公园数量的区域分布

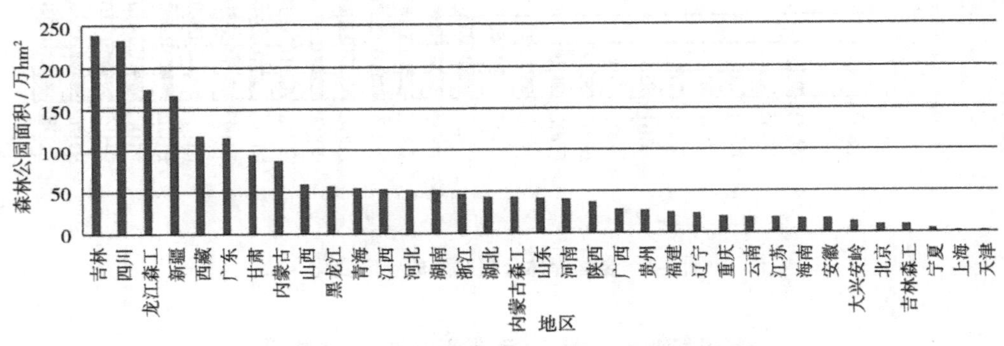

图 1-4　2017 年全国森林公园面积的区域分布

1.2.2　我国森林公园建设情况

随着我国森林公园发展规模的不断扩大，森林公园建设资金和劳动力投入规模也越来越大。2004 年，我国森林公园建设年度投入资金只有 73.8 亿元，2017 年达到 573.9 亿元，年平均增长率高达 38.5%（见图 1-5）。从投资结构来看，对外引资增长幅度最大，引资占总投资的比例从 2004 年的 39.45% 增长到 2017 年的 45.68%，2013 年达到最高值 56.57%。国家投资增长幅度最小，国家投资占总投资的比例从 2004 年的 31.93% 下降到 2017 年的 19.20%（见图 1-6）。

旅游投资规模的扩大也带动了职工人数的增长。除了 2017 年之外，森林公园经营人员数量稳步增长，从 2004 年的 95 714 人增长到 2017 年的 176 282 人。但从增长幅度来看，森林公园经营人员增长幅度越来越小，年度增长率从 2004

年的 10.7% 逐年下降到 2015 年的 1.5%，2016 年虽然回升到 4.6% 的水平，但 2017 年又出现了负增长（－2.2%），经营人员不增反降（见图 1-7）。

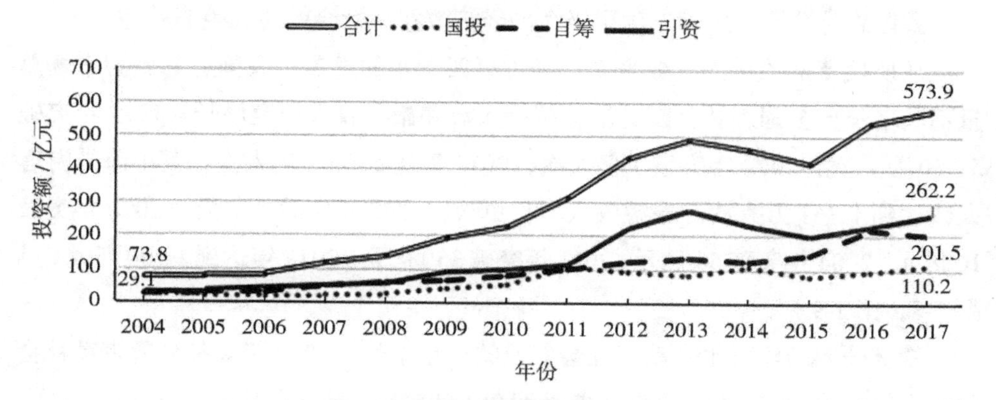

图 1-5　我国森林公园投资额年度变化情况

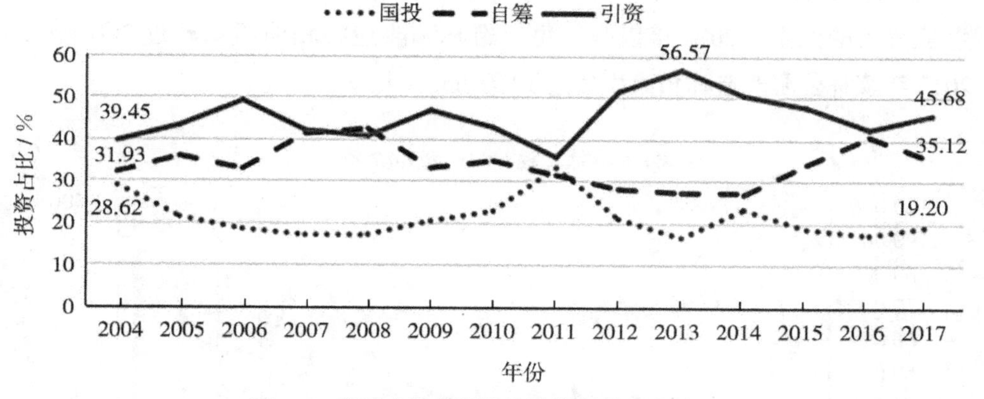

图 1-6　我国森林公园投资结构年度变化情况

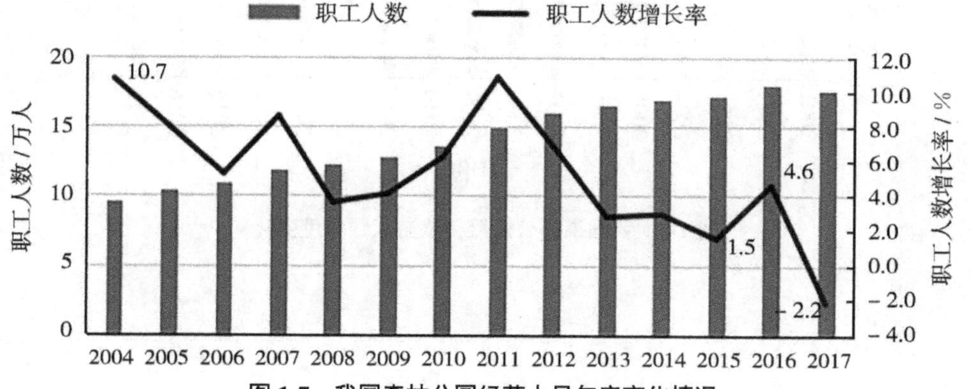

图 1-7　我国森林公园经营人员年度变化情况

1.2.3 我国森林公园经营效益情况

我国森林公园的经营产生了极大的经济效益、社会效益和生态效益。

从所接待的旅游人次数来看，经过近四十年的发展，我国森林旅游市场总量不断增长，全国森林公园的游客接待人数和旅游收入稳定增长。1995 年突破 5 000 万人次，2002 年突破 1 亿人次，2017 年达到 9.62 亿人次，其中海外游客人数达到 1 361 万人次。旅游收入增长更快。1992 年突破 1 亿元，2000 年突破 10 亿元，2004 年突破 50 亿元，2011 年突破 350 亿元，2017 年达到 1 100 亿元（见图 1-8，图 1-9）。

森林公园的经营也带动了社会就业的稳定增长。2004 年森林公园带动社会就业人数为 356 053 人，2017 年增长到 951 095 人，增长了 167%（见图 1-10），产生了较大的社会效益。同时，森林公园的建设与经营在保护生态环境上也产生了较大的效益。2004 年以来，每年造林和改造林相面积均超过 7 万 hm^2，2013 年森林公园改造林相面积超过 19 万 hm^2（见图 1-11）。

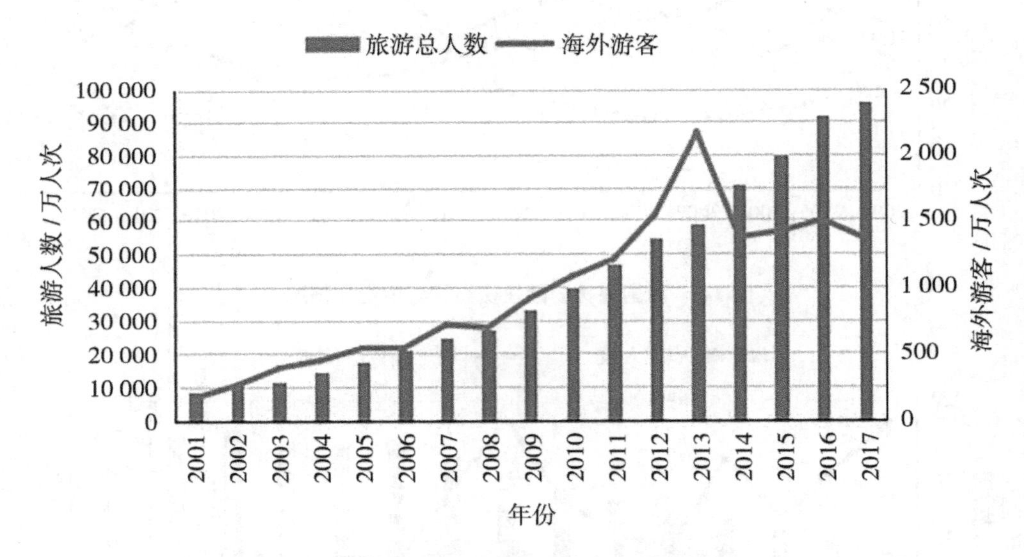

图 1-8 我国森林公园接待旅游人数年度变化

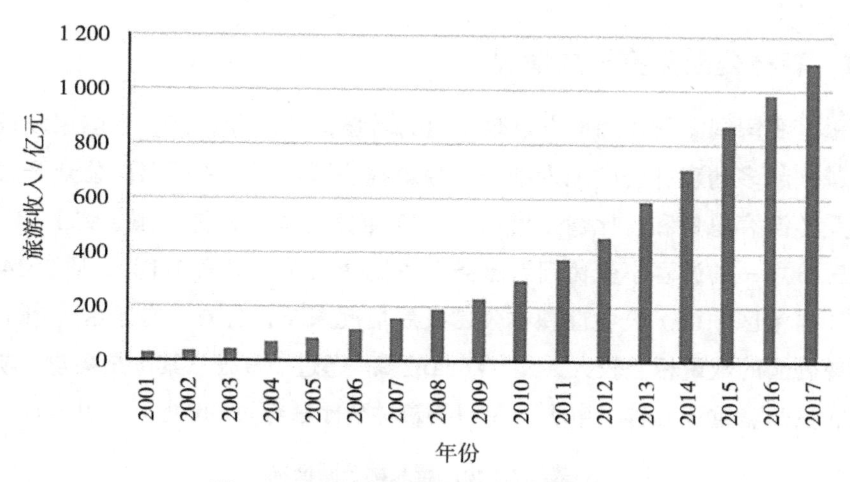

图 1-9　我国森林公园旅游收入年度变化

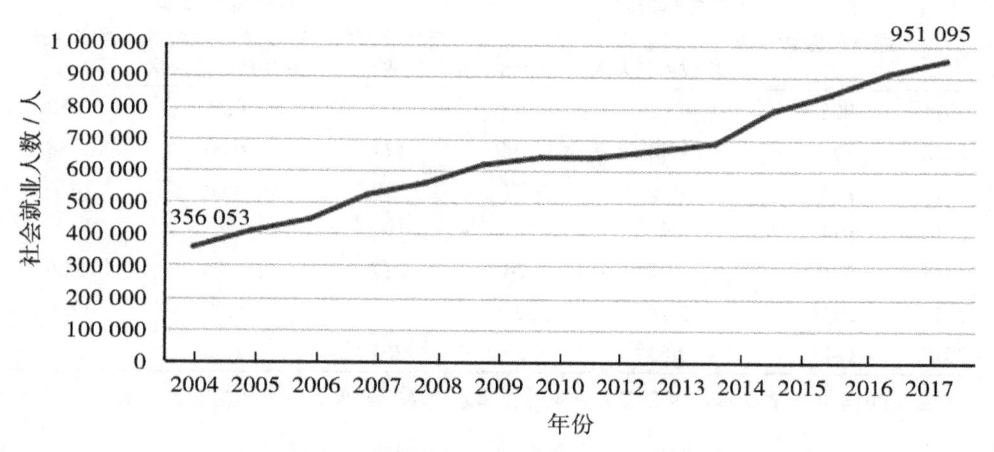

图 1-10　我国森林公园带动社会就业人数年度变化

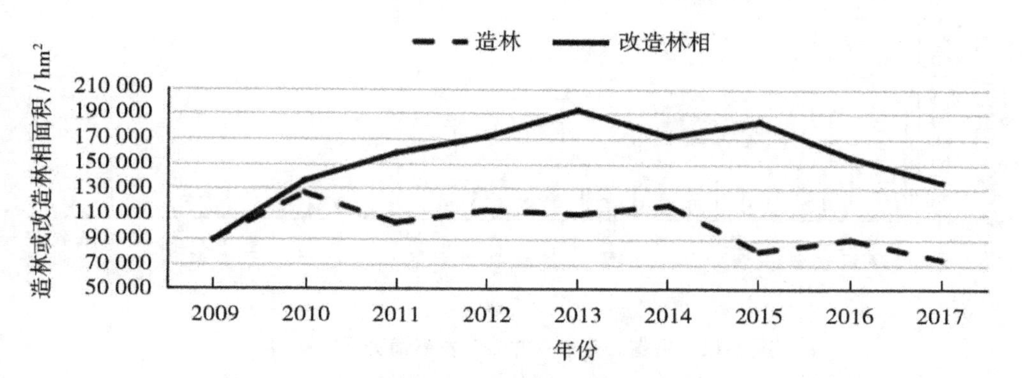

图 1-11　我国森林公园造林和改造林相情况

1.2.4 森林公园免费开放情况

随着我国国家财政和地方财政实力的增强，2010年以来，在国家政策鼓励下，越来越多的森林公园加入到公益性森林公园行列，免门票向公众开放。免门票受益游客总量和占比稳定增加。2017年免门票的森林公园达到1 147处，接近三分之一的游客享受免门票服务（占比29%）（见表1-1）。从2014年对各省（自治区、市）公益性森林公园发展情况来看，各省（自治区、市）免门票森林公园的数量相差较大，其中江西最多，超过100处，其次是福建、湖南、广东、贵州、重庆五省（市），免门票森林公园数超过50处（见图1-12）。

表1-1 免门票森林公园情况

年份	所有森林公园			国家级森林公园		
	森林公园数/处	享受免门票服务游客数/亿人次	游客占比/%	森林公园数/处	享受免门票服务游客数/亿人次	游客占比/%
2011	228	0.72	15.4	41	0.36	13.80
2012	777	1.42	25.9	171	0.50	15.80
2013	871	1.59	27	189	0.64	18.7
2014	911	–	–	194	–	–
2015	976	1.91	24	217	0.75	16.66
2016	1083	2.18	23.8	211	0.68	13.7
2017	1147	2.83	29	261	1.22	22

注：2014年所有森林公园和国家级森林公园享受免门票服务的游客数量未公布。

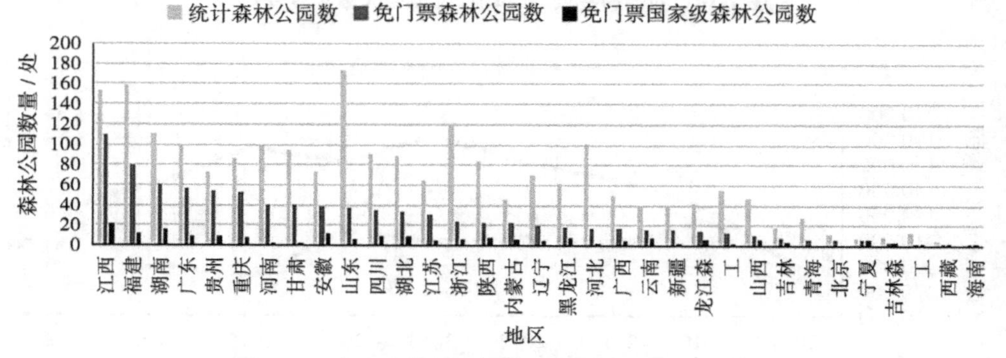

图1-12 各省公益性森林公园发展情况（2014年）

1.3 国内外文献回顾

1.3.1 CVM国内外研究进展

在非市场条件下，定量评估资源价值的方法主要有条件价值评估法（CVM）、旅行成本法（travel cost method，TCM）、享乐定价法（hedonic priced method，HPM）、费用支出法（expenditure method，EM）以及效益转移法（benefit transfer method，BTM）等。条件价值评估法基于被调查对象所陈述的结果进行评价，又称为陈述偏好方法（stated preference method）；旅行成本法基于被调查对象所显示的实际发生的费用进行评价，又称为显示偏好方法（revealed preference method）。众多方法中，CVM既能对商品或服务的使用价值进行评价，也能够对商品或服务的非使用价值进行评价，应用较为广泛。CVM翻译成中文有不同的名称，如条件价值法、支付意愿法、假想评估法、意愿价值评估法等。该方法通过直接调查询问人们在模拟市场中对某一资源环境物品改善的最大支付愿意或者对某一资源环境物品损失希望接受的最小补偿意愿来揭示某一环境物品的经济价值，是一种直接调查的方法。

CVM作为一种典型的陈述偏好的价值评估方法，通过模拟真实的市场，让消费者陈述为某一非市场物品或服务愿意支付的价值（willingness to pay，WTP），是当前唯一一种既能够评价森林游憩资源的使用价值又能够评价非使用价值的方法。该方法的评估思想由Ciriacy-Wantrup于1947年提出，1963年Davis将该方法首次应用于缅因州林地游憩价值评估，随后在环境保护、游憩、美学、生物多样性、生态系统恢复、健康风险和文化艺术等多个领域的非使用价值评估、非市场价值评估中得到广泛应用。根据Carson（2001）的统计，截至2001年，条件价值评估法在世界上100多个国家得到应用，CVM的研究案例超过5000个。

Davis（1963）利用CVM评估美国缅因州林地的娱乐价值之后，美国加州大学教授Hanemann（1985）把随机效用理论引入CVM，奠定了CVM的经济学基础。1989年，美国把条件价值评估法推荐作为估计和测量自然资源环境及服务存在价值、遗产价值等价值的基本方法（Mitchell，1989）。1989年，美国石油公司石油泄漏事件产生纠纷，有关专家用CVM方法对此事件造成的自然景观和野生生物损失的价值进行评估，但其价值评估结果遭到反对（Arrow，1993），导致 CVM 在评估价值方面的使用及可靠性遭到大众的质疑，后研究重心开始从简单的案例评估向深入探讨这一方法本身的有效性、可靠性等理论问题转化。1993 年，美国国家海洋与大气管理局（National Oceanic and Atmospheric Administration，NOAA）邀请包括两位诺贝尔经济学奖得主在内的一些经济学权威专家，对 CVM 进行客观、公正的审视和评议，肯定了其评价自然资源物品及服务价值的有效性，并出版了使用报告（Arrow，1993)。之后，该方法正式成为西方发达国家的主流非市场价值评估方法。直至目前，CVM 被美国政府认同为价值评估的权威方法之一。五十多年来，CVM 在国外迅速发展，在英国、澳大利亚、加拿大、日本等 100 多个国家得到广泛应用。其调查方法、问卷设计、数据处理等方法也日臻完善。问卷形式由原来的开放式发展到封闭式，由支付卡式发展到单边界、双边界和多边界。对该方法的信度、效度、偏差的检验方法也日益完善。近些年国外 CVM 的应用举例如表 1-2 所示。

表 1-2 国外关于 CVM 的应用研究案例

发表年份	作者	研究对象	CVM 方法
2008	Michael A. K., et al.	美国明尼苏达州新森林管理模式的补偿意愿调查	支付卡式
2008	John A. A., et al.	泰国海洋国家公园潜水效益	单边界和双边界二分式
2008	Toshisuke M., and Hiroshi T.	日本金泽灌溉水的多种功能经济价值	双边界二分式
2009	Buckley C., et al.	爱尔兰公共用地的娱乐需求价值	支付卡式
2009	Maria L. L., et al.	西班牙环境污染的经济价值	单边界二分式
2009	Deisenroth D., et al.	美国科罗拉多州拉里默县高速公路周边环境保护的非市场价值	二分式
2010	Mario S., et al.	减少西班牙加利西亚森林火灾的森林能源政策设计	开放式
2011	Adaman F., et al.	土耳其降低二氧化碳排放量的支付意愿评估	支付卡式
2011	Luis C. H., et al.	西班牙 Santiago 市文化节遗产地保护价值	支付卡式
2012	Roberto N.	CVM 中受访者支付意愿不确定性处理方法——加拿大	二分式
2013	Kamri T.	马来西亚沙捞越国家公园自然资源保护价值	二分式
2013	Choi A. S.	韩国某非军事保护区域的环境保护价值	二分式
2014	Abedi Z., et al.	伊朗地下水质量价值评价	二分式

续表

发表年份	作者	研究对象	CVM 方法
2015	Tabatabaei M., et al.	减少美国科罗拉多森林潜在野火风险的价值	支付卡式
2015	Gelo D., et al.	埃塞俄比亚社区森林保护价值	二分式
2016	Mjelde	韩国和平公园开发价值	二分式
2016	Lee C.Y.	韩国可更新能源价值	二分式
2016	Salvador	西班牙水资源保护设施价值	二分式
2018	David C., et al.	冰岛 Heiðmörk 的保护价值	双边界二分式
2018	Aikoh T., et al.	日本自然遗产地拥挤接受价值	双边界二分式

与西方发达国家相比，条件价值评估法在包括我国在内的发展中国家起步较晚。条件价值评估法的研究在 20 世纪 90 年代末期引入我国，直到 2000 年以后，条件价值评估法的研究案例在我国才逐渐展开，早期的研究主要停留在方法的介绍方面，随着研究的深入，学者们开始应用该方法评价生物多样性、生态系统服务及恢复等非市场价值。薛达元（1997）、徐中民（2002）和张志强（2002）等是国内较早应用 CVM 开展研究的学者，为 CVM 在国内的发展奠定了基础。

条件价值评估法在我国的应用是在不断地完善和改进中发展起来的。CVM 的问卷形式从开放式发展到支付卡式，直至目前的二分式。在条件价值评估法引入我国的前十年，支付卡式问卷形式因其问卷设计比开放式更为合理、数据信息处理方法简单易行、评价结果较为准确，受广大研究者的欢迎。但随着条件价值评估法的发展，二分式选择问题格式变为主流。二分式问卷格式更能反映受访者的真实支付意愿，但处理方法相对较复杂。近几年来，我国学者也陆续应用二分式 CVM 对环境物品及服务进行非使用价值评价。由于缺乏对双边界二分式 CVM 计算的研究，我国大部分学者至今仍应用支付卡式问卷进行非使用价值评估。

目前，条件价值评估法在我国的研究应用领域包括生态系统恢复（曹建军，2008）、游憩价值（张茵，2010）、农业用水（唐增 等，2009）、碳汇贸易（陈颖翱，2011）和水资源保护（李长健，2017）等多个方向的价值评价。近几年的典型研究案例如表 1-3 所示。

表1-3　国内关于CVM的应用研究案例

发表年份	作者	研究对象	CVM方法
2008	曹建军，等	玛曲草地生态系统恢复成本条件价值	支付卡式
2009	唐增，等	甘肃省张掖市农户对农业水价的承受力	二分式
2010	张茵，等	九寨沟游憩价值	支付卡式
2010	王凤珍，等	武汉市典型城市湖泊湿地资源非使用价值	开放式，支付卡式
2010	段百灵，等	洪泽湖生物多样性非使用价值	支付卡式
2010	敖长林，等	三江平原湿地生态保护价值	双边界二分式
2011	陈颖翱，等	宁波天童天然林碳汇贸易价值	支付卡式
2011	董雪旺，等	九寨沟游憩价值评估的偏差分析及信度和效度检验	支付卡式
2011	高汉琦，等	耕地生态效益农户支付－受偿意愿分析	支付卡式
2012	屈小娥，等	陕北煤炭矿区生态环境破坏价值	双边界二分式
2012	张翼飞，等	上海城市内河河流生态系统价值	支付卡式
2014	郑伟，等	长岛自然保护区生态系统维护的价值	支付卡式
2016	关海玲，梁哲	山西省五台山国家森林公园	二分式
2017	李长健，等	长江流域水资源利用价值	二分式
2018	王显金，等	海涂湿地生态服务价值	支付卡式

1.3.2　CVM的效度研究

效度即指有效性，指调查的度量标准反映某一概念的真正含义的程度。关于CVM的效度研究主要集中于内容效度（Carson，2001）、收敛效度（Carson，1999；Chaudhry，2006；Hoyos，2013）和理论效度（Lienhoop，2011；Salvador，2016）三个方面。

1.3.2.1　内容效度

内容有效性是指问卷设计能否引导被访者真实地表述其支付意愿（WTP），如是否正确理解所调查的内容，是否对CVM调查中的某些环节或问题特别敏感。如果被调查者对某些内容不能正确理解，就会导致回答问题不准确，从而导致前后矛盾或与经济学理论不一致等。如果被调查者对某些环节或问题比较敏感，其在回答问题时就会有意做出不真实的选择，同样导致回答的结果前后不一致，或与经济学理论矛盾。内容效度的检验方法包括以下几种。

（1）检验抗议性回答比例、不完整调查比例、奉承偏差等（Desvouges，

1996）。抗议性回答比例较高、不完整调查比例较高、奉承偏差较高都说明内容效度不好。关于不完整调查比例，巴比认为，50% 的回收率是起码比例，达到 60% 的回收率才算是好的（巴比，2000）。NOAA 建议，面访调查中 70% 的回应率是比较合理的底线，而 75% 的回应率则更为有效（NOAA，1993)。关于抗议性回答比例，发达国家的经验研究表明，抗议性支付率在 15% 以下较为正常。但在发展中国家的实证研究显示，抗议性比例较高（董雪旺，2011）。因此，通过在问卷中增加抗议性支付的原因、强调“支付”而非“捐助”是国内学者降低偏差、提高内容有效性的常用方法。董雪旺（2011）通过分析有效回收率、抗议性支付比例检验对内容效度进行检验。在对九寨沟游憩价值评估时，作者认为假想偏差、信息偏差和抗议性支付率偏高，内容效度较低。查爱苹（2016）在问卷中对 WTP 的调查时增加填空题，强调“支付”而不是“捐助”来避免被访者的奉承行为，同时通过对抗议支付比例和不完整问卷比例的检验分析内容效度。

（2）检验 WTP 与 WTA 的差异程度。WTP（willingness to pay）表示得到某商品所放弃的最大货币价值，WTA（willingness to accept）表示失去某商品所得到的最小补偿。如果被调查者对问卷中问题的回答是真实的，根据福利经济学理论，在不存在收入效应和财富效应相同情况下，WTP 和 WTA 应该大致相当，利用 WTP 和 WTA 得到的估值应非常相近。但是，大量的实证研究并不能支持这一理论推断。Brown 等（1973）对水鸟捕猎权的研究发现，利用 WTA 得到的价值约是利用 WTP 得到的价值的 4.2 倍。而 Cummings（1986）对 10 多篇相关论文的归纳发现，WTA 估值约是 WTP 估值的 7 倍。Horowitz 等（2002）对 45 篇论文进行分析后发现，WTA 是 WTP 的 7.17 倍，但对于私人物品，这一差距较小， WTA 仅是 WTP 的 2.92 倍。较多学者从不同角度解释 WTP 与 WTA 差异的原因，主要包括被调查者对于 WTA 的抗议性标价（Mitchell et al.，1989）、偏好的不可逆性（损失规避的禀赋效应）（Kahneman et al., 1990；Tversky et al.，1991）、缺少替代品（Hanemann，1991；Shogren et al., 1994）、信息的不准确或不全面（Shogren et al., 1994；Brookshrine et al.，1987）、道德责任不对称（Anderson et al.，2000）、供给需求的不对等（Tomohara，2005）等。

（3）利用问卷中某些问题的相关性进行检验。在问卷设计时，设计相互关联的问题，然后对调查结果进行比较，检验被调查者所回答的问题是否能够相互印证。理论上，如果问卷设计的问题是合理的、意思表达是清晰的，被调查者的回答是真实的，相互关联的问题应能够相互印证。如：丁振民等（2017）利用该方法检验了福州国家森林公园问卷设计的内容是否有效。作者利用拒绝支付的被访者样本，通过检验被访者的个人收入、个人居住地距离森林公园的距离及个人满意情况等与拒绝支付原因是否具有对应关系进行内容效度的检验。如检验被访者拒绝支付的原因“收入较低，没有能力支付”是否与其收入较低一致、拒绝支付的原因“距离森林公园较远，收益较小”是否与其居住地较远一致，等等。

1.3.2.2 收敛效度

收敛效度是指采用不同的方法对同一对象进行测量所得出的结果之间是否一致。人们通常会把利用CVM测量的结果与利用TCM测量的结果进行比较。从发达国家所做的研究来看，大多数案例研究显示CVM具有较好的收敛效度。Carson（1996）及John（2010）对多项CVM案例进行了收敛有效性检验，发现虽然CVM的评估结果小于TCM的评估结果，但两个方法的估值序列之间显示出高度的相关性(相关系数介于0.78~0.92之间)，并且认为合理地控制偏差以及精心地设计问卷可以较好地减少CVM与TCM之间的评估差异。然而，从发展中国家所做的案例来看，CVM在发展中国家的收敛性较差，并且由于受到政治与社会经济条件的制约，CVM更趋向于低估风景旅游资源的经济价值。Chaudhry（2006）、刘亚萍(2006)、董雪旺（2011，2012）等在印度、中国等地所做的研究显示，TCM与CVM的估值比最大值竟然达到9倍之多，不具有良好的收敛效度。查爱苹（2016）等人的研究表明，CVM评估旅游资源的游憩价值仅为区间旅行费用法（TCIA）的0.0126倍。

1.3.2.3 理论效度

理论效度是指CVM计算出的消费者剩余与传统经济理论是否一致。CVM的理论效度在发达国家得到普遍的认可与证实。Lienhoop（2011）、Carson（2012a，2012b）、Salvador（2016）等人的研究结果指出CVM在特定的条件下均具有良好的理论效度。Smith（1996）、Lee（2002）等人研究结果显示，虽然CVM表面上理论效度较差，但是依然可以从经济学的角度给出合理的解释。但从中国所做的案例研究来看，CVM理论有效性尚需进一步验证。张茵（2010）、蔡志坚（2011）、石玲 (2014)、游巍斌（2014）等在评估公共物品的基础上，采用传统的线性模型或者 Logit 概率模型对受访者社会经济变量进行回归分析以验证理论效度，研究结果基本符合经济理论预期；然而，张翼飞（2012）、查爱苹（2016）所做的案例研究表明，CVM 的理论效度较差，存在“范围不敏感”、支付意愿不受收入约束的情况。

1.3.3 CVM 偏差识别

关于 CVM 偏差的识别主要有嵌入效应偏差识别、顺序效应偏差识别和假想效应偏差识别。

嵌入效应偏差（又称为范围效应偏差），指同一个物品作为独立的物品或作为更大物品的组成部分进行评估，WTP 的值差别很大。嵌入偏差是造成理论有效性受到质疑的主要因素之一。新古典经济理论假设消费者是理性的，追求效用的最大化，拥有的物品数量越多越好。但是，CVM 在应用中却并非如此，表现为随着被评估物品数量和尺度的变化 WTP 无明显变化，存在“范围的不敏感性”（张翼飞，2007；2012)。国外 Kahneman (1992)、Boyle (1993) 等学者通过 CVM 案例的研究发现 CVM 在评价公共环境物品时，支付意愿的数值随评估尺度的增加并不显著增加。张翼飞（2012）在中国研究“内容依赖性”时对“范围不敏感”做了实证检验：与私人物品相比，居民对生态服务的需求和消费在数量和尺度上并不敏感，显著验证了在发展中国家依然存在“范围不敏感”的现象。Kahneman（1992）和 Rollins（1998）分别将“范围效应”归因于“道德动机”和边际效用递减。Carson（2001）等认为嵌入偏差往往是由于问卷设计不合理、调查实施不科学、样本取样不规范等因素造成的。为此，在问卷设计中要对评价物体做出清晰的界定，可以图文并茂的方式把信息直接传递给受访者，避免文字表述不清的状况；调查实施过程中要提醒受访者所测评的是物体的整体，而不是部分物体；从整体中多抽取几个组成部分，取各组成部分的平均值作为平均 WTP，设计将总体作为整体环境评价、将整体分成若干部分评价等多种问卷，分析范围效应（Kahnema，1992）。

顺序效应偏差也称排序偏差，是指在对多个游憩资源进行估值时，由于各个资源之间存在相关性，不同顺序造成 WTP 存在的偏差。Samples 等（1990）在调查海豹和鲸鱼保护的 WTP 研究案例中，分别进行两组独立调查。两组除了待评估物出现顺序不同外，其他内容相同。在第一组，海豹价值评估排在前，鲸鱼排在后；而第二组，鲸鱼排在前，海豹排在后；结果发现两组的 WTP 不相容 (Samples，1990)。张翼飞（2012）对区域水体和单体水体分别按不同顺序开展 CVM 问卷调查，结果表明，调查在先的评估水体的支付意愿显著大于调查在后的，显示出显著的“顺序差异”；Carson（2001）对排序偏差研究表明排序偏差可能受到“收入效应”与“替代效应”的影响；Boyle（1993）研究表明提高受访者对评价对象的熟悉程度可以减小排序偏差。基于以上对于排序偏差的研究，一方面我们可以在问卷设计中清楚地描述评价对象，提高受访者对物品的熟悉程度，另一方面提醒受访者对问题前后参照回答，并给予受访者修正前面所做出的估值判断的机会，来减小问题顺序的影响。

假想效应偏差是指由于对市场的虚拟设定而导致的偏差。“温暖光辉”（warm glow）被认为是造成假想偏差的道德驱动因素。“温暖光辉”是指个体因对环境、生态、资源等公共物品的保有做出贡献而获得的满足感。Matthew 等（2012）研究认为，在 CVM 实施的过程中，如果调查员收到受访者含有“温暖光辉”的“是”的响应，则这种响应将对评估结果产生影响。作者通过对国家实施燃料混合结构变更降低环境污染程度的研究发现，环保意识较强的受访者支付意愿水平较高，而环保意识不强的受访者更加关注的是“温暖光辉”效应带来的自身满足感。因此，包含“温暖光辉”的支付意愿和不含“温暖光辉”的支付意愿之间存在差别，前者支付意愿比后者几乎高出 250%（0.99 美元）。Lee 等（2010）通过实证研究证实了“温暖光辉”效应的存在。以公共图书设施为研究对象，通过随机访问，明确了市民对公共图书设施服务的支付意愿，评估了公共图书设施的整体服务价值。作者采取分类对比的方式，将传统条件价值评估法与剔除“温暖光辉”效应的条件价值评估法获得的支付意愿进行比较，证实后者的支付意愿高于前者。Remoundou 等（2012）基于实验经济学的角度对“温暖光辉”效应展开了研究，同样证实了条件价值评估中“温暖光辉”效应的存在。Bishop（2018）利用 Andreoni（1989）提出的“温暖光辉”效应的定义，通过大量案例的研究发现，一些研究人员按照 Andreoni 的定义界定 CVM 问卷调查中的“温暖光辉”效应，但一些研究人员却没有按照 Andreoni 的定义，而是把被调查者对研究对象的“好感”（good feelings）当成“温暖光辉”效应。

1.4 研究目标及创新之处与不足

1.4.1 研究目标

本书的研究目标主要有三个：

第一，对CVM在森林景区游憩价值评估中的理论进行系统梳理与归纳。包括效用理论、偏差控制方法、问卷设计方法、平均支付意愿估值方法、效度和信度的检验方法等，为学者学习和应用CVM研究森林景区游憩价值提供一个清晰的分析思路、方法、技术和避免偏差的措施。

第二，以福州国家森林公园为案例，对CVM评估森林景区游憩价值的每一个步骤、方法进行实证演练，使初学者对CVM的每一个步骤有一个直观的认识，掌握实证研究时的问卷设计与调查技巧，如支付卡问卷设计时的投标值起点选择、投标值间距选择等。检验CVM用于森林景区游憩价值评估的稳定性和可靠性。

第三，通过CVM在福州国家森林公园的实证应用，为CVM在我国森林景区游憩价值评估的信度、效度与可行性提供一个案例积累。

1.4.2 创新之处与不足

首先，当前国内有关游憩价值评估的研究案例主要以九寨沟、张家界等世界遗产地为研究对象，这些景区具有较大的非使用价值，"嵌入式"偏差非常大。本研究以非世界遗产地福州国家森林公园为例，在收敛效度检验时能够有效避免嵌入偏差导致的伪问题。其次，通过三年时间、利用支付卡问卷和二分式问卷对福州国家森林公园游客支付意愿的连续调查，从多个方面对CVM评估森林景区游憩价值的稳定性和有效性进行全面检验，以评估CVM的稳健性。

但本研究尚存在以下不足：限于研究经费，只能利用福州国家森林公园这类森林景区检验CVM的效度和信度，对于其他森林景区类型，CVM是否满足效度与信度检验，还需要进一步的深入研究。

1.5 研究内容、方法以及技术路线

本书以福州国家森林公园为例，运用多种方法对CVM评价森林景区的游憩价值的效度与信度进行研究。在调查研究、数据收集整理的基础之上，分别通过多种指标以及多个模型对 CVM 的收敛效度、理论效度、内容效度进行检验；并通过三个阶段的调研结果的比较，检验 CVM 评估森林景区游憩价值的信度问题。

1.5.1 研究内容

本研究的主要内容包括 13 个部分：

（1）绪论。概括介绍本书的选题背景、研究目的与意义，我国森林公园发展现状、国内外研究现状、主要研究内容、方法、技术路线以及创新之处与不足。

（2）森林游憩价值的评估理论。将当前广泛使用的非市场价值评估方法归纳为十类，对其一一进行介绍，并对其优缺点进行比较。

（3）CVM 的理论基础及测算方法介绍。首先从公共物品理论、Hicks 效用补偿理论等经济学理论对 CVM 测算公共物品价值的理论基础进行说明。然后对 CVM 的评估原则、评估步骤、引导技术、平均支付意愿的估值技术进行详细介绍。

（4）CVM 可能存在的偏差。对利用 CVM 可能存在的偏差进行分类介绍，重点介绍 CVM 本身可能存在的偏差、问卷设计可能导致的偏差和实施过程可能存在的偏差等。

（5）WTP 均值估计方法与检验。从理论上介绍平均支付意愿的估计方法和相关的检验方法，重点介绍支付卡引导技术和二分式引导技术下平均支付意愿的估计方法，包括非参数估计方法和参数估计方法。参数估计方法又包括一般 OLS 模型、区间线性模型、区间对数模型、Tobit 模型和 Logit 模型等。相关检验主要包括理论效度研究、收敛效度检验；信度检验主要介绍了再测信度检验。

（6）调查方案设计。以福州国家森林公园为研究案例，针对 CVM 本身及实施过程中可能存在的各种偏差，本书参考 Arrow（1993）提出的 15 条指导方针、赵军（2006）提出的 9 条建议以及胡喜生（2013）偏差处理措施等对调查方法的偏差控制措施进行说明。具体包括调查对象选择、调查问卷内容、景区的介绍方式、价值导出方式、调查实施方式、数据处理方式和统计模型等。

（7）支付卡引导技术下平均支付意愿的非参数估计与检验。利用支付卡引导技术下得到的第一阶段问卷数据，使用非参数方法对平均支付意愿进行估计，并通过与 TCM 估计结果的比较，检验 CVM 的收敛效度。

（8）支付卡引导技术下的平均支付意愿估计。利用支付卡引导技术下得到的全部问卷数据，采用非参数估计方法和区间线性模型、区间对数线性模型、Tobit I模型、Tobit II模型等参数估计方法对平均支付意愿进行估计。从内容效度、理论效度等方面对支付卡引导技术下的 CVM 的有效性进行检验。

（9）二分式引导技术下的平均支付意愿的估计。利用二分式引导技术下获得的全部问卷数据，使用单边界二分法和双边界二分法分别对福州国家森林公园的平均支付意愿进行估计。从内容效度、理论效度与收敛效度三个方面对 CVM 评估森林景区游憩价值的有效性进行探讨。

（10）CVM 的内容效度检验。从被调查者拒绝支付的原因、支付工具的选择和信息偏差的存在等方面检验问卷内容是否具有有效性。

（11）WTP 与 WTA 的一致性检验。利用交互列表法、斯皮尔曼相关系数法、皮尔逊相关系数法和平均支付意愿值与平均补偿意愿值的收敛性等方法检验被调查者回答 WTP 与 WTA 的一致性情况，作为判断调查问卷内容有效的重要依据。

（12）CVM 的时间稳定性检验。将调查数据分为三个阶段，从抽样样本结构的稳定性、平均支付意愿影响因素的稳定性和平均支付意愿估值的稳定性等方面比较 CVM 评估结果在这三个阶段是否发生显著变化，从而检验 CVM 的时间稳定性。

（13）结论与展望。对 CVM 评估森林景区游憩价值的理论、效度和信度进行总结。提出优化 CVM 调查设计以及提高 CVM 估值精确度的措施，提出未来研究展望。

1.5.2 研究方法

本研究运用理论研究和实证研究相结合、定性分析和定量分析相结合、静态分析与动态分析相结合的方法进行综合研究。

理论研究与实证研究相结合。CVM 是一种基于经济学理论的实证分析方法。本书在查阅大量相关文献资料的基础上，回顾福利经济学、公共物品以及 TCM 等相关理论以及前人研究的结果，为本书的 CVM 的全面系统研究奠定了扎实的理论基础。在相关理论的指导下，进行问卷设计，开展相关调研工作，获取研究数据，对 CVM 方法的每一个步骤、环节、技术、方法等进行实证说明。

定性分析与定量分析相结合。本书首先对国内外研究成果及相关理论进行定性分析。在定性描述的指导下，运用数理模型对平均支付意愿的估值进行定量研究，并利用相关分析、方差分析和回归分析等定量研究方法对 CVM 的效度和信度进行实证检验。选取的模型方法有线性回归模型、区间回归模型、Logit 多元回归模型、Tobit 多元回归模型、样本选择模型以及概率测算与密度拟合等。所选择的定量分析方法科学规范，引用数据资料翔实充分。

静态分析与动态分析相结合。利用静态分析方法，基于 2015 年、2016 年、2017 年各年份的调查数据，比较不同的估值方法（如非参数估值方法、参数估值方法、线性模型估值方法、Logit 模型估值方法等）下的估值结果是否具有稳定性，检验了理论有效性、内容有效性。通过把 CVM 估值的结果与 TCM 估值的结果进行比较检验收敛有效性。利用动态分析方法，基于 2015 年、2016 年、2017 年三年对森林公园调查的连续数据，比较 CVM 的估值是否在时间上具有稳定性。

1.5.3 技术路线图

根据以上研究思路，本书的技术路线图如图 1-13 所示。

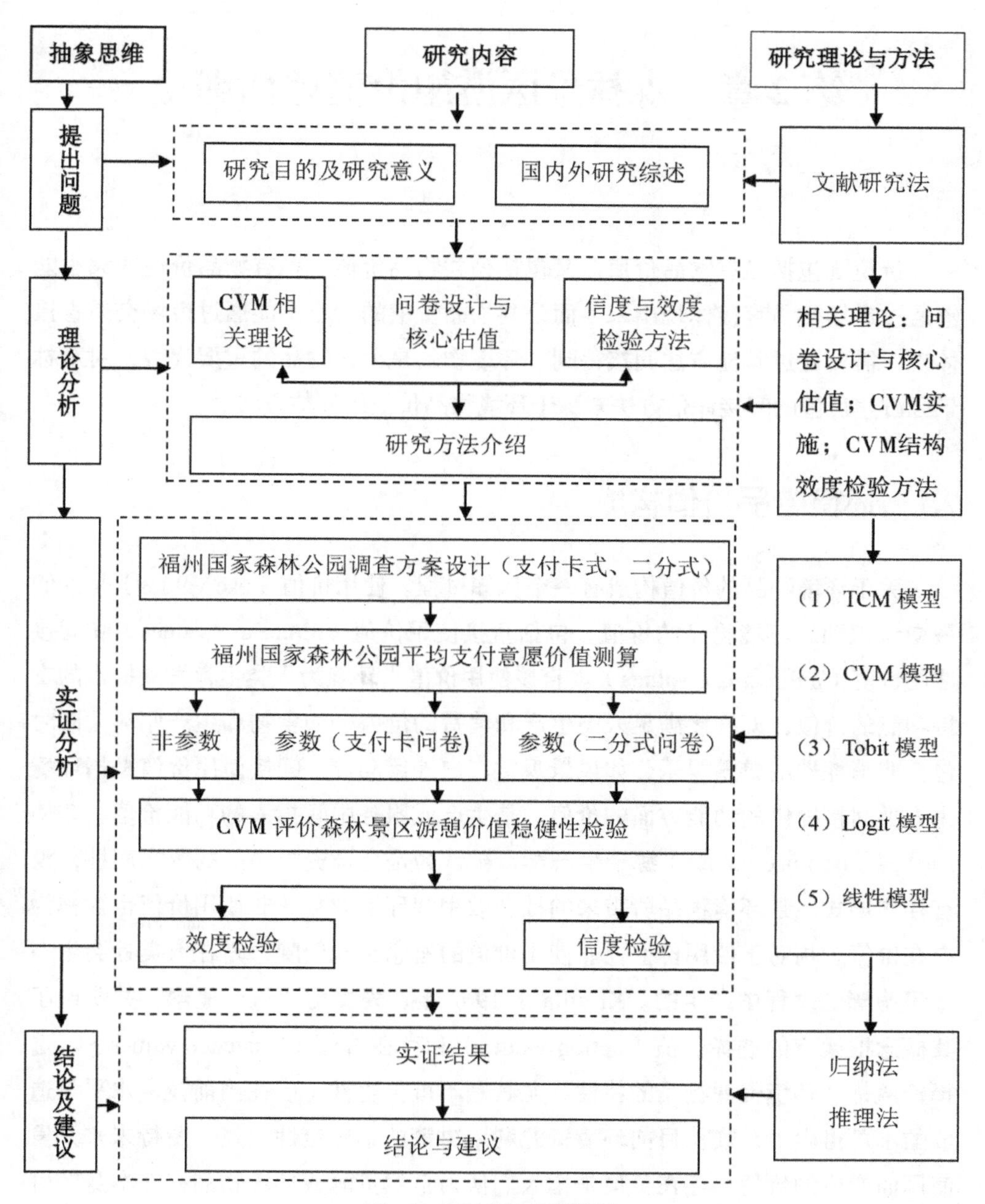

图1-13 研究技术路线图

第 2 章　森林景区游憩价值评估理论

价值既包括私有物品价值，又包括公共物品价值。私有物品价值的大小能够通过市场交易直接体现出来，而公共物品价值的大小不能通过市场交易直接体现，需要通过其他方法间接得到。环境物品是公共物品的重要代表，对森林景区游憩价值的间接评估方法来源于环境物品价值的评估方法。

2.1　环境物品价值构成

关于环境物品的价值构成有一个认知过程。使用价值（use values）是人们最初认识到的环境物品的价值，包括直接使用价值（direct use values）和间接使用价值（indirect use values）。直接使用价值指环境为人类生存发展提供的支持功能的价值，即直接满足人类生产和消费的价值，如食物和生产原料，同时包括非消耗性的游憩娱乐，如风景观赏、户外运动等。间接使用价值是指环境为人类间接提供的功能方面的价值，是生产或服务中间投入的功能价值。非使用价值（non-use values）源于生态学，被认为是环境资源物品的内在属性，没有存在形式，是环境物品所带来的社会效用和环境效益，非使用价值也被称为内在价值。相对于使用价值，非使用价值的概念出现较晚，是在人类社会生态意识萌醒的过程中产生的。Krutilla 于 1967 年首先提出了这个概念，并明确了其概念框架下的选择价值（option values）和存在价值（existence values）。选择价值是从环境资源物品的特性，尤其是不可再生性（或在当前技术水平下造成的不可再生），或从目前环境资源利用决策的不确定性出发，留待未来开发使用而产生的价值。存在价值是指人们认为自然资源或环境物品存在本身的价值，与人们对该物品的选择利用无关。物品的存在使人们获得满足感，这与人类的利他动机有关，是出于道德上的考虑。

环境物品的遗赠价值（bequest value）被人们认知的时间较晚，是指当代人为了后代人在环境物品使用上的代际公平，保留某种环境资源物品的价值，涉及的是保留下来的使用价值和非使用价值。与存在价值相似，遗赠价值也与道德相关，受利他行为的驱动。不同的是，存在价值仅与环境物品的存在本身相关。

尽管环境物品价值的末端分类相对清晰，但这些价值在使用价值和非使用价值上的从属分类不甚明确。1990 年，麦克尼利（1990）等在有关生物多样性的研究过程中根据生物资源是否有形将其价值分为直接价值和间接价值，又根据生物资源是否能够在市场领域进行交换、生产过程中是否被作为中间消耗的投入品而进一步将直接价值划分为生产性使用价值、消耗性使用价值，间接价值划分为非消耗性使用价值、选择价值和存在价值。该分类方法后来被联合国环境规划署（UNEP，1993）采纳。1994 年，David 等（1994）在对生物多样性的研究中提出了环境资源的价值分类，他将环境资源价值划分为：使用价值，包括直接使用价值、间接使用价值和选择价值；非使用价值则由遗赠价值和存在价值组成。1995 年，经济合作与发展组织（OECD，1995）提出了类似于 David 的分类方法，不同的是后者将选择价值部分纳入到非使用价值之中。基于这些研究，环境物品的价值构成形成多种划分系统，具有代表性的分类系统有 UNEP 系统（UNEP，1993）、OECD 系统（OECD, 1995）、《中国生物多样性国情研究报告》生物多样性价值分类系统。关于环境物品价值构成类别划分有代表性的观点归纳于表 2-1。

表 2-1　国内外学者对环境物品价值构成的观点

作者	价值构成	价值构成细分
联合国环境规划署（UNEP，1993）	直接价值	生产性使用价值、消耗性使用价值
	间接价值	存在价值、选择价值、非消耗性使用价值
经济合作与发展组织（OECD，1995）	使用价值	直接使用价值、间接使用价值、部分选择价值
	非使用价值	选择价值、存在价值、遗赠价值
中国国家环境保护局（1997）	使用价值	直接使用价值、间接使用价值
	非使用价值	选择价值、潜在保留价值
蔡银莺，等（2008）	市场价值	经济产出效益
	非市场价值	选择价值、存在价值、遗赠价值
王金南（2015）	使用价值	直接使用价值、间接使用价值
	非使用价值	存在价值、选择价值、遗赠价值

2.2 森林景区游憩价值构成

森林环境是生态物品的重要类型，也是生态物品评价中最受关注的一个类型。1998年，世界保护区联盟出台了保护区经济价值评估的指导方针，将保护区的经济价值分为使用价值与非使用价值两大类，使用价值包括直接使用价值、间接使用价值和选择价值，非使用价值包括存在价值和遗赠价值。2000年，加拿大国家公园管理局在借鉴这一分类的基础上，对选择价值的归属进行了调整，把选择价值划归到非使用价值部分，作为加拿大自然公园和保护区的经济价值评估时的框架（The Outspan Group，1996）。刘亚萍（2007）在评价武陵源生态旅游区游憩价值时使用了加拿大国家公园管理局的分类方法。

本书沿用这一方法，把森林游憩价值分为使用价值与非使用价值。

使用价值是指游客进行观光旅游时，因使用或利用相关的游憩资源所获得的效益，包括直接使用价值和间接使用价值。直接使用价值指游客进行旅游活动时，直接使用游憩资源而获得的效益，包括游憩效益如露营、健行，以及生产效益（提供水利、矿产、木材、种植农作物、科学研究等）。间接使用价值指游客进行旅游活动，以间接方式使用该游憩资源而获得的效益，包括游憩效益如照相、野餐、欣赏景观，以及美化效益如增进邻近地区的美化等。

非使用价值是指旅游消费者不一定目前就在享用的游憩地游憩资源，是游憩资源本身存在产生的效益，或者说为后代留下来，让后代使用游憩资源获得的效益，包括选择价值、存在价值和遗赠价值（Willis，1989；Benson，1991）。

选择价值是指消费者希望通过支付一定的费用，使游憩资源价值得到保存，当消费者在未来产生森林游憩需求时，有选择使用的机会。这种为未来消费机会而支付的费用即称为选择价值（Bateman，1991a；Benson，1992）。

存在价值指消费者基于此类游憩资源具有独特的景观或为稀有动植物栖息地，希望此资源可以获得适当的保存或为后代保存该游憩资源，而愿意支付一定的金额。如人们自愿支付一定的资金为后代人保护生物多样性（麦克尼利，1991；David，1986）。

森林游憩资源的遗赠价值指消费者为了把森林游憩资源保存留给子孙后代而自愿支付的费用（Bateman，1991a；1991b）。消费者愿意支付一定的费用对森林游憩资源加以保护，不使其消失，让子孙后代能够有利用的机会。

综上所述，“游憩价值”是指游客或消费者在游憩区中从事游憩活动时，因使用游憩区的游憩资源获得的直接或间接使用价值与游憩资源本身存在而产生的非使用价值之和。因此，本研究的“游憩价值”应包括两方面的价值：一是游客或消费者在生态旅游区内从事游憩活动时，使用其游憩资源所获得的使用价值；二是生态旅游区内因游憩资源自身的存在而产生的非使用价值。如图 2-1 所示。

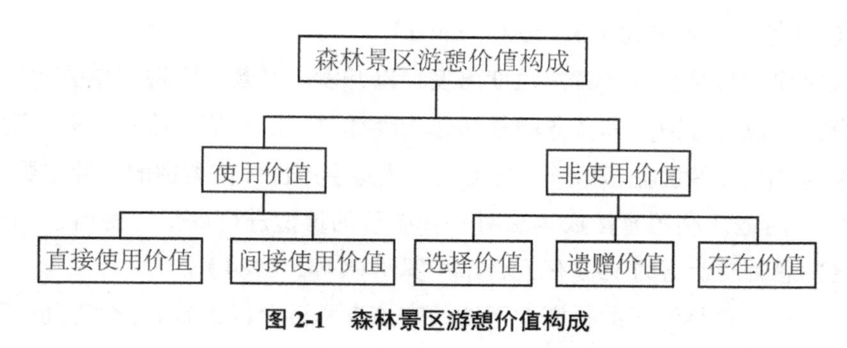

图 2-1　森林景区游憩价值构成

2.3　森林景区游憩价值评估方法

由于森林游憩价值的非市场性特征，如何准确评估其价值一直是学者研究的重点。西方学者对森林游憩价值评估方法的研究较早，并形成了 10 种具有代表性的评估方法（孟永庆，1994；The Outspan Group，2000），包括政策性价值评估法、平均成本法、游憩费用法、机会成本法、市场价值法、旅行费用法和条件价值评估法等。

（1）政策性评估方法（policy evaluation method）

该方法是森林主管单位根据经验对辖区内的森林做出最佳判断而赋予价值的方法，以美国的阿特奎逊法为代表。阿特奎逊法基于森林都具有两种效能（木材生产效能和游憩效能）以及森林游憩区的森林游憩效能大于木材生产效能等假设，由木材的生产效能推断森林公园的游憩价值。20 世纪 70 年代，日本使用该方法对全国范围的森林公益效能进行评价，得出 1970 年日本全国森林游憩价值为 4 806 亿日元（孟永庆 等，1994）。兰思仁（2001）利用该方法评估了福州国家森林公园的游憩价值，得出2000年其游憩价值为432.37万元人民币。

阿特奎逊法将游憩效益与木材生产联系在一起，实际上利用了经济学中的机会成本理论。在20世纪60年代，森林的游憩价值较小，森林的木材生产价值较大，当企业将木材生产转变为游憩产品生产时，游憩的价值一定会大于所放弃的机会成本。但是当前森林的游憩价值已远远大于木材生产价值，因而利用阿特奎逊法评估游憩价值将不再合理，其评估价值也不能真实地反映森林游憩价值的大小。

（2）直接成本法（direct cost method）

直接成本法是从生产者的角度出发，以开发、经营和管理游憩区所投入的各种资源、设备等财货和劳务的总和作为森林游憩的价值，这些劳务和财货包括土地、林木、各种设施、劳务等。直接成本法是生产性评估类别的一种主要方法，1984年台湾地区利用直接成本法对森林游憩的价值进行评估，得出25个森林游憩区的总游憩价值为13.7亿元台币（罗绍林 等，1984）。

“生产”森林游憩的投资并不能代表该森林游憩区的游憩价值，也不能说明该项投资的合理性，因为游憩价值等于投资货币，收益永远为零。但是，它能为管理者提供一种参考，以便选择“生产”森林游憩投资最少的区域。

（3）平均成本法（average cost method)

平均成本法也是从生产者的角度来评价森林游憩的价值。

1975年美国学者Tyre提出平均成本的概念，并给出平均成本的计算公式：

$$\mathrm{AC}=\frac{(\mathrm{OM}+C+O_1+O_2+\mathrm{OH})}{\mathrm{RVD}}$$

式中：AC为平均成本，OM为经营与管理的费用总和（人事费用+维护费用），C为每年分摊的建设费用（依各设备的折旧年限计算），O_1为放弃收获现存林木机会成本的每年分摊费用，O_2为放弃林木年生长的机会成本，OH为经常费用（如用人费、服务费、材料和用品费、租金费等），RVD为年游憩的游日。

1984年台湾地区使用平均成本法对森林游憩的价值进行评估，其评价结果是，25个森林游憩区的总游憩价值为99.5亿元台币。

从台湾地区对森林游憩价值的评估结果来看，利用直接成本法和平均成本法得出的森林游憩价值存在较大的差异。

（4）游憩费用法（expenditure method）

游憩费用法是从消费者的角度来评价森林的游憩价值。游憩费用法是一种古老又简单的方法，它以游憩者支出的费用总和（包括往返交通费、餐饮费用、住宿费、门票费、入场券、设施使用费、摄影费用、购买纪念品和土特产的费用、购买或租借设备费以及停车费和电话费等一切支出的费用）作为森林游憩的经济价值。

游憩费用法常有 3 种形式：①总支出法，以游客的费用总支出作为游憩价值；②区内花费法，仅以游客在游憩区内支出的费用作为游憩价值；③部分费用法，以游客支出的部分费用如交通费、门票费、餐饮住宿费 3 项作为游憩价值。

台湾地区 1984 年对森林游憩资源进行价值评估时，使用总支出法评价出 25 个森林游憩区的游憩价值为 159.8 亿元台币（罗绍林 等，1984）。日本 20 世纪 70 年代对全国的森林公益效能价值评估时，利用部分费用法评价出森林游憩价值为 5.747 亿日元（孟永庆等，1994）。

游憩费用法存在如下缺陷：①游憩费用法仅计算游客费用支出的总数，没有计算游客附加游憩机会的价值，不能反映游客究竟愿意花多少钱去享受森林游憩，因而不能真实地反映森林游憩地的实际游憩价值；②游憩费用法中的许多费用并不是为享受森林游憩而支出；③当游客在一个目的地从事多个景区游览时，往返交通费和餐饮费很难准确分配；④对于一些游客较少但潜在价值很大的森林景区，如热带雨林，该方法会低估森林景区的游憩价值。

（5）机会成本法（opportunity cost method）

机会成本法亦称社会成本法，它属于替代性评价方法。假如该森林不是用于游憩，而是用于其他用途如木材生产，那么生产木材的经济收益就是该森林游憩的机会成本价值。用机会成本法来评价森林游憩价值时，常以游憩区内木材的年收获量价值作为其游憩价值。台湾地区 1984 年对森林游憩资源进行价值评估时，也使用了机会成本法，其评价结果是，25 个森林游憩区的游憩价值为 20.58 亿元台币（罗绍林 等，1984）。

机会成本根本不能说明某片森林的游憩价值，因为生产木材的森林与用于游憩的森林的价值是不一样的，但它可以为选择投资方式提供参考。

（6）市场价值法（the market method）

市场价值法亦属于替代性经济评价方法，它把被评价的森林游憩地与私人企业家管理的森林游憩地相对照，通过比较推断出其游憩价值。从理论上说这是一种合理方法，但实际上很难找到类似的游憩条件，再加上游憩形式多样，区域经济和市场条件不同，实际评价时困难重重。此外，森林游憩属于公共物品，大部分属于国家所有，国家经营森林游憩的主要目的是通过免费或少收费的形式向公众发放福利，而不是营利，因此私人游憩地的收益不能代表公共游憩地的价值。但是，市场价值法可以为私人在开发森林游憩区时提供一种经济参考。

（7）旅行费用法（travel cost method，TCM）

旅行费用法又称为显示性偏好法（revealed preference，RP），属于间接性经济评价比较方法。与游憩费用法不同的是，它不是以游憩费用作为森林游憩的价值，而是利用游憩的费用(常以交通费和门票费作为旅行费用)求出“游憩商品”的消费者剩余，以游憩费用和消费者剩余之和作为森林游憩的价值。TCM基本而又简单的设想是，观察游客的来源和消费情况，主要是各出发区的游林率，推出一条游憩需求曲线，以计算出的消费者剩余作为无价格的游憩效用价值。

TCM是发达国家最流行的游憩价值评价方法。TCM由美国学者Clawlon（1959）在20世纪50至60年代提出并逐渐完善，80年代后日益盛行，并广泛用于评价各种野外游憩场所的使用价值。例如，1987年英国林业委员会根据众议院公共账户委员会（PAC）推荐的方法即TCM对林业委员会所属的90万 hm^2 森林的游憩价值进行系统评价，其结果为5 300万英镑（Willis，1992）。

TCM是游憩费用法的完善与发展，其最大贡献是对消费者剩余的创造性应用。TCM首次把消费者剩余这一重要概念引入公共商品价值评估，并计算出其数值，这不仅是森林游憩这一公共物品价值评估领域的一大突破，对其他公共物品的价值评估也具有借鉴意义。

TCM也有局限性，具体体现在如下两个方面：一是其评价的游憩价值与区域的社会经济条件密切相关。由于TCM建立在分析游憩区游林率的基础之上，而游林率与区域的社会经济条件(收入分配、交通状况、民族风俗习惯等)密切相关，因此TCM计算出的消费者剩余并未反映用于游憩的森林的自身价值，而是区域社会经济结构的一种反映。二是TCM只能评价直接使用价值，而不能评价间接使用价值和非使用价值，因而利用TCM评价的结果不是森林景区的全部游憩价值。

（8）条件价值评估法（contingent value method，CVM）

条件价值评估法有多种提法，常见的有自愿支付法（willingness to pay，WTP）、调查法（survey-method）、直接询价法和假定价值法（hypothetical valuation method）、陈述偏好法（stated preference method，SP），属于直接性经济评价方法。CVM从消费者的角度出发，在一系列的假设问题下，通过模拟市场，调查、问卷、投标等方式来得到消费者为获得某项物品或服务愿意支付的最大金额（willingness to pay，WTP）或者为放弃某项物品或服务愿意接受的最小补偿（willingness to accept，WTA），综合所有消费者的WTP即得到该游憩区的游憩价值。

CVM适用于缺乏市场价格和市场替代价格的商品的价值评估，因而是“公共物品”价值评估的一种特有的重要方法，它不仅是世界最流行的游憩效益评价方法之一，还可评价各种环境资源的全部经济价值，包括直接使用价值、间接使用价值和非使用价值。它是能够评估森林景区全部游憩价值的唯一方法。

CVM的不足之处在于，由于是假想市场，因而评估结果会与实际存在偏差，如起点偏差、信息偏差和策略偏差等。因而利用CVM评估的关键是通过合理的问卷设计、调查方案设计与调查过程控制和选择适当的估值技术等降低可能存在的各种偏差。

（9）离散选择法（discrete choice methods，DC）

离散选择法是从CVM中分离出来的一种方法。虽然该方法中的一些技术与CVM相关，但它们与CVM的区别较大。与CVM不同之处在于DC并非给定一个具体的“状态”，引出被访者对环境物品或服务的支付意愿，而是在假设的备选方案中为被访者提供一系列的选择任务，这些任务通过改变几个属性的不同层次，向被访者描述该“状态”的更大范围，价格只是多个属性中的一个。DC与CVM有较大的区别。离散选择法又分为离散选择建模（discrete choice modeling，DCM）和离散选择实验（discrete choice experiments，DCE）两类。

离散选择建模是一种基于不同“离散选择”组合的景区需求曲线推导技术。通常需要一个大样本来进行这种分析。被访者被要求在众多与待评估景区相关的选择（与价格相关联的“物品和服务束”）中，选出一种结果。这一分析的结果产生一条需求曲线，用来估计收益的价值。

离散选择实验是最近发展起来的一种较为全面的实验形式。它采用多变量分析来确定被访者的选择和不同层次属性之间的关系。实验的构造一般是：基于环境物品或服务的多属性特征（如娱乐实验、管理或政策选择），系统地改变环境物品或服务的某一属性的特征，后由不同属性的具体特征构成的环境物品和服务的所有组合状态呈现给被访者，让被访者同时对由每一情景属性特征构成的环境物品和服务的价值进行评价。评估通常涉及选择最优先的选项或为每个选项分配一个优先等级。然后对实验结果进行统计分析，生成针对不同场景的偏好（或效用）和选择概率的度量。

离散选择实验方法相对于 CVM 更科学合理，能够全面了解消费者对某一物品或服务的不同属性组合的真实评价。在私有品的产品开发方面有更广阔的应用前景。但该方法需要较大的样本，耗时，昂贵，且具有较高的技术性，现实中的应用较少。

（10）效益转移法（benefit transfer，BT）

效益转移法是通过测算消费者的非直接支出评价资源价值的一种方法。指将其他相类似的景区利用复杂研究方法得出的结果作为当前研究对象的替代值的一种方法。在使用中，具体可分为数值转移（value transfer）——包括点对点转移（single point estimates transfer）、平均值转移（average value transfer），函数转移（function transfer）——包括需求函数转移（demand function transfer）和变位分析函数转移（meta-analysis benefit transfer），如图 2-2 所示。Matthews 等（2009）利用英国 42 个森林游憩地检验了效益转移函数法评估森林游憩价值的稳定性，认为函数的稳定性对于效益转移的稳定性虽然有一定的作用，但作用并不大。Arvin 等（2015）利用效益转移法估计了菲律宾某森林保护景观的游憩价值。Bakti 等（2016）利用效益转移法对马来西亚国家娱乐性公园的价值进行了评价。

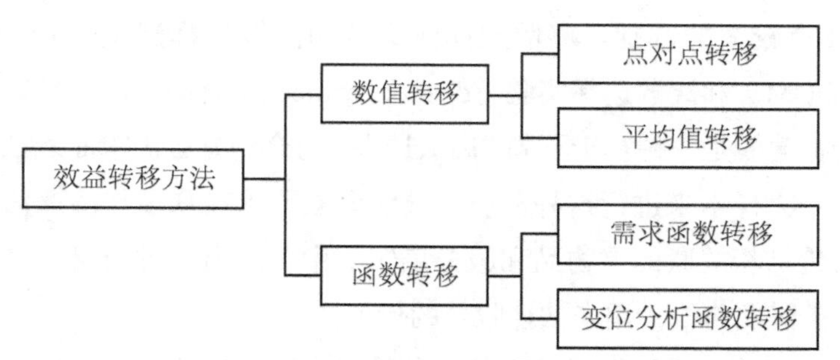

图 2-2　效益转移方法分类图

显然，这种方法能够节约较多评估成本。但由于所使用的价值不是直接来自所评估的对象，这种方法缺少准确性。其准确性程度依赖于所评估对象与所参考的对象的相似程度。为了提高这种评估方法的准确程度，加拿大环保部开发了一个被称为“环境价值资源目录库”（environmental valuation resource inventory，EVRI) 的数据库，对各类环境资源价值进行分类，被用于利用效益转移法对景区价值进行评估时的参考。

上述 10 种森林游憩价值评估方法都能评价森林游憩的利用价值，但只有 CVM、BC 和 DC 能够完整地评价其全部价值，其他几种方法只能评价部分价值。①依赖于木材生产价值的阿特奎逊法和机会成本法实际上只是生产者生产游憩商品支出（土地、放弃木材收获、资金和劳务等）的一部分，即生产者支出的一部分；②直接成本法和平均成本法评价的游憩价值只是生产者支出；③游憩费用法计算的游憩价值只是消费者支出；④市场价值法以其类似游憩区的收益替代游憩价值，本质上是游憩利用价值；⑤ TCM 根据游客的支出费用（交通费和门票费）计算出的消费者剩余属于游憩利用价值的一部分；⑥ CVM 可以调查游客游憩的实际 WTP，因而能评价森林游憩的全部利用价值，但其利用假想的市场会存在偏差；⑦ BT 虽然能够评估全部森林游憩价值，但其准确性程度依赖于所评估对象与所参考对象的相似程度；⑧ DC 相对于 CVM 更科学合理，能够全面了解消费者对某一物品或服务的不同属性组合的真实评价，但其使用成本高，技术复杂，应用相对较少。

总之，10 种评估方法都有各自的方法论缺陷（如表 2-3 所示）。比较而言，TCM 和 CVM 更为合理、科学，在游憩价值评估时使用最广泛，这两种方法曾在 1979 年和 1983 年两次被美国水资源委员会推荐给联邦政府有关机构作为游憩价值评估的标准方法。1986 年美国内政部确认 TCM 和 CVM 作为自然资源损耗评价的两种优先方法，1987 年英国众议院公共账号委员会（PAC）也推荐 TCM 给英国林业委员会（FC）作为林业委员会森林游憩价值评价的标准方法。但是，只有 CVM 才能全面评估森林景区的游憩价值。

表 2-3　森林游憩价值评估方法比较

评估方法	评估特点	缺陷
阿特奎逊法	利用生产者支付的部分成本作为游憩价值	只是生产者成本的一部分
直接成本法	用生产者的全部生产成本作为游憩价值	是生产者支出，不是游憩价值
平均成本法	用相当于生产者的全部生产成本作为游憩价值	是生产者支出，不是游憩价值
游憩费用法	用消费者支出作为游憩价值	消费者支出只是游憩价值的一部分
机会成本法	用所放弃的木材的收益价值作为游憩价值	机会成本并不是真正的游憩价值
市场价值法	以类似游憩区的收益替代游憩价值	并不是本身的游憩价值
旅行费用法	游憩费用加消费者剩余	只能测算直接使用价值，不能测算间接使用价值和非使用价值
条件价值法	通过假想市场得到消费者的支付意愿，直接测算游憩价值	能够全部评估游憩价值，但会存在偏差
离散选择法	将评估对象分解为由众多属性构成的物品或服务束，通过被访者对物品和服务束的选择，采用大样本统计推断，获得游憩价值	评估结果比较准确，但评估成本大，技术要求高
效益转移法	利用具有替代关系的相似景区的价值替代待评估景区的价值	评估成本低，不准确

第3章　CVM介绍

CVM的理论基础是经济学中的效用理论与环境物品价值评估理论。但CVM作用一种独立的方法，有其自身的评估原则、评估步骤、支付意愿引导技术，是建立在不同引导技术上的估计方法。

3.1　CVM评估的经济学理论基础

3.1.1　环境物品价值评估的理论基础

公共物品理论是CVM评估环境物品价值的理论源泉。与市场商品相比，公共物品作为一种特殊物品，一方面无法通过市场调节实现有效生产和分配，另一方面具有极端正外部效应，集中表现为非竞争性与非排他性。公共物品在产出水平一定的情况下，其生产成本是固定的，这就意味着消费该物品人数的增加并不会增加生产成本的支出，即边际成本为零（Wattage，2001）。CVM福利计量的直接依据来自希克斯（John R. Hicks）的效用恒定原理，通过问卷的方式来构建合适的假想市场，揭示人们对于环境物品质量改善的最大支付意愿（WTP），或对环境物品质量恶化希望获得的最小补偿意愿（WTA），由此推导出环境物品的价值，基本原理如图3-1所示。

假设每个消费者面临两个选择，即货币（M）与环境资源物品（E），个人福利通过无差异曲线W_1、W_2和W_3表示。A、B、C虽然代表不同的商品组合，但都位于曲线W_2上，给消费者带来的福利水平是相同的。首先考察B点到A点的运动，B点代表同时拥有M_0、E_0单位的货币与环境物品，A点代表同时拥有M_1、E_1单位的货币与环境物品。从图中我们可以看出$M_0<M_1$，$E_0>E_1$，这意味着当环境物品从E_0下降到E_1时，消费者的货币从M_0增加到M_1；消费者的福利水平没有发生变化，但个人的货币增加了（M_1-M_0），这部分增加的货币被称作补偿意愿（WTA）或者对等变量。同理，从 B 点到 C 点的运动，随着环境物品从 E_0 增加到 E_2，在消费者福利不发生变化的情况下，消费者的货币收入从 M_0 减少到 M_2，减少的货币数量为（M_0-M_2），即支付意愿（WTP）或者补偿变量。

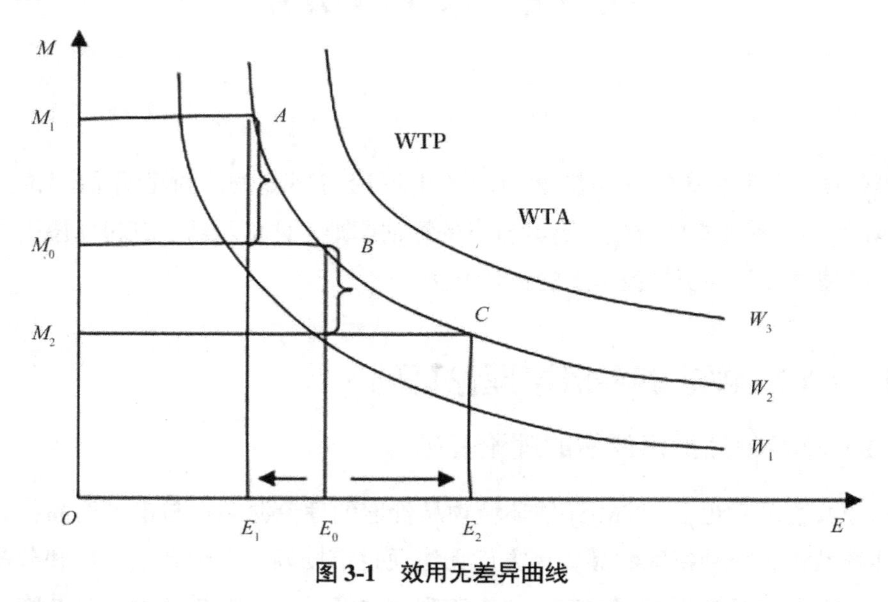

图 3-1　效用无差异曲线

资料来源：高鸿业．西方经济学：微观部分 [M]. 6 版．北京：中国人民大学出版社，2018: 57-85.

CVM 以问卷调查为手段，通过调查消费者对环境物品质量改善而愿意支付或环境物品质量恶化而接受补偿一定的货币数量作为基础来推导环境物品经济价值。

3.1.2　CVM 的效用函数

CVM 用于评估公共物品价值的理论基础是消费者剩余理论和 Hicks 的效用补偿理论。假设消费者效用函数受森林景区环境物品、个人收入以及其他社会因素的影响；用 j 表示消费者对森林景区环境物品的消费状态，y 表示消费者的收入，x 表示除收入之外影响消费者效用的变量。消费者消费森林景区环境物品的效用函数为 $U=U(j, y, x)$，$j=0, 1$。虽然消费者的效用函数对于消费者来说是确定的，但由于一些随机因素对消费者效用的影响，所测定出来的消费者的效用 $U_0=U(0, y, x)$ 和 $U_1=U(1, y, x)$ 是具有一定均值和分布特征的随机变量，设为 $v_0=v(0, y, x)$，$v_1=v(1, y, x)$，从计量经济学的角度，消费者的效用函数可表示为 $U(j, y, x)=v(j, y, x)+\varepsilon_j\ (j=0, 1)$，$\varepsilon_0$、$\varepsilon_1$ 为具有零均值、独立同分布的随机变量。

假设消费一次森林景区环境物品需要支付的成本为 V_C，如果消费者愿意消费森林景区环境物品，则有 $v(1, y-V_C, x)+\varepsilon_1 \geqslant v(0, y, x)+\varepsilon_0$，用 p_1 表示消费者愿意消费森林景区环境物品的概率，则

$$\begin{aligned} p_1 &= \Pr\{v(1, y-V_C, x)+\varepsilon_1 \geqslant v(0, y, x)+\varepsilon_0\} \\ &= \Pr\{\varepsilon_0-\varepsilon_1 \leqslant v(1, y-V_C, x)-v(0, y, x)\} \end{aligned}$$

$p_0=1-p_1$ 为消费者不愿意消费森林景区环境物品的概率。令 $\eta=\varepsilon_0-\varepsilon_1, F_\eta(\cdot)$ 为 η 的累积概率分布函数，则 $p_1=F_\eta(\Delta v), \Delta v=v(1, y-V_C, x)-v(0, y, x)$；给定随机变量 η 的分布函数形式和消费者效用函数 v 的形式，求出每一个消费者获得森林景区环境物品愿意支付的最大成本的期望值 EC*。对所有消费者愿意支付的最大成本求和即是所评价景区的游憩价值。

在实际操作中，一般假设 v 为线性函数或对数线性函数，并将消费者 i 的效用表示为货币价值 Yε*，并假定消费者的效用函数为线性函数或对数线性函数。Yε* $=x_i\beta+\varepsilon_i$，x_i 表示影响消费者效用的变量，ε_i 为影响消费者 i 效用的具有零均值、独立同分布的随机变量。

通过支付卡获得消费者消费森林景区环境物品愿意支付的最高价格（WTP）V_C。消费者的选择为二元选择，若消费者愿意支付，记为 $D=1$，否则 $D=0$。消费者愿意支付的概率为 $p_1=\Pr\{D=1\}=\Pr\{Y_i^*>V_C\}$。

然后，利用 Logit 模型建立消费者购买行为与其个人特征及最高支付 V_C 之间的关系。

$$p_1=\frac{\exp(x\beta-V_C)}{1+\exp(x\beta-V_C)}$$

$$\ln\left(\frac{p_1}{1-p_1}\right)=x\beta-V_C$$

利用所调查的样本数据，以及最大似然估计方法得出消费者的参数 β 以及期望价值 EV_C。

3.2 CVM的评估原则

CVM作为陈述性偏好的资源评估方法，因其在信息缺失条件下仍具有强大的数据获取能力，遂逐渐被运用到资源评估的相关领域。但是，1989年埃克森诉讼案引发的对CVM的评估有效性的质疑，开始推动CVM的研究由方法应用向方法效度与信度检验的转变。1993年美国海洋大气管理局（NOAA）根据对研究案例的总结，认为若实施方案得当，CVM是评估资源非市场价值较为可靠的一种方法，并提出CVM具体的实施原则（NOAA，1993），如表3-1所示。国内学者赵军（2006）根据我国情况，提出9条建议性原则，如表3-2所示。

表3-1 NOAA关于CVM实施的15条原则

序号	原则
1	CVM样本选择时应采用概率抽样方式
2	剧本描述应提供受访者足够的判断价值信息以避免胡答、乱答现象
3	较高比例的“不回答”现象是方法不可靠的前兆
4	面访是最可靠的调查方式
5	剧本描述必须详细，应有图文紧密结合
6	正式调查前，必须进行预调查以确定投标值系列、样本选择的准确性和问卷内容的适合性
7	WTP指标比WTA指标更为优越
8	对受访者不确定回答，应估计其保守的数值
9	支付意愿提问时，应类似投标的方式，不应对受访者产生任何的引导，二分式（DC）引导技术更为优越
10	提醒受访者可存在的替代物品或替代状况
11	给受访者充分的考虑时间以便他们做出准确判断
12	在受访者回答表决问题之后，应有表明回答“是”或者“否”的原因
13	调查问卷内容除了支付意愿问题外，应有其他问题以便提醒参与者的支付责任
14	支付问题提问前，应提醒人们收入限制以减少“利他主义”效应
15	在应用DC引导技术时，应加“不回答”选择项目，同时加以询问原因的问题

注：根据资料NOAA(1993)整理。

表 3-2 赵军（2006）关于 CVM 实施的 9 条建议性原则

序号	原则
1	问卷的整体设计：向受访者提供较为详细的待评估环境物品信息，提供相关环境项目的照片，所有问题的提问方式和备选答案应避免引起受访者反感或敏感
2	社会经济信息变量的设置：应包括收入、年龄、学历、居住地与项目距离、环境态度、是否为环境专家等
3	核心估值问题的设计：建议采用单边界二分式的核心估值问题；最低数额应满足90%的受访者可接受，而最高数额应满足 90%的受访者不能接受；投标数额的项数一般在 10 项左右
4	支付方式、支付单位、支付年限：支付方式建议采用捐款或缴税等方式；支付单位建议采用每户每月；支付年限建议在项目的实施年限内
5	预调查：预调查必不可少，建议采用支付卡式
6	样本容量与抽样原则：样本容量至少应大于 400，有效样本容量至少应大于 300；在公共空间调查较为合适；样本应覆盖研究区域总体
7	调查实施过程：采用面访的调查形式，调查人员应进行统一培训
8	数据分析和经济学验证：剔除回收问卷中的无效问卷，但大量零支付意愿一般应认为有效而不应剔除
9	效益转移和费用效益分析：支付意愿的平均值应作为价值测度的尺度而不是中点值；整体区域范围的确定一般采用保守估计

注：根据资料赵军 (2006) 整理。

3.3 CVM 的实施步骤

根据 NOAA（1993）的介绍，结合赵军（2006）针对中国情况的建议性原则，CVM 的具体实施大概分为 5 个步骤，即确定评估对象、问卷设计、调查实施、数据整理和价值评估。

首先，确定评估对象。一般来说需要对以下内容做出清晰的界定：①确定评估环境物品，即对何种环境资源进行估值；②确定测评对象，即向谁询问环境价值；③确定评估时间，即在什么时间段调查比较符合研究目标；④确定评测对象的价值类型，即调查的是使用价值还是非使用价值。

其次，问卷设计。问卷设计是构建评估对象假想市场的核心工作，要求符合评估对象特征。①明确调查目的。问卷中向受访者明确表达出此次调研的目的，对评估对象进行有关描述。②关于 WTA 与 WTP 选择的问题。由于 WTA（补偿意愿）容易产生策略性偏差，不受收入的影响，众多研究建议采用支付意愿

（WTP）。③确定合适的引导技术。引导技术的不同决定估值方法的不同。④了解受访者的信息。除了询问受访者对待评估对象的支付意愿、支付金额与支付方式，还要调查受访者个人信息，包括受访者的个人经济社会背景、生活与工作经历以及对评估对象的认知情况，以便对真实的响应进行区分与研究。

再次，调查实施。调查实施是整个 CVM 实施的比较重要的工作，严格规范的操作过程是保证 CVM 有效的前提条件。①在调查实施之前，需要确定样本总量、调查地点、时间和方式。②确定调查方式。CVM 的调查方式主要包括面访调查、邮件调查以及电话调查 3 种方式。为了保证调研数据的可靠性与真实性，在确定评估对象的基础之上，一般采用回收率较高的面访调查方式（NOAA，1993）。③确定引导技术、样本容量和偏差控制。

复次，问卷统计。问卷统计是 CVM 估值的基础。需要将问卷准确及时地录入电脑，制成 Excel 电子表格，对问卷进行审核，对问卷中存在的数据不完整、数据明显错误或数据为异常值等，由调查员和电脑录入员进行重新审核、更正与修补。确认数据录入无误后，对问卷本身进行信度和效度检验，保证问卷的可用性。

最后，价值评估。价值评估包括两个阶段。①平均支付意愿的推断，即根据样本数据，利用适当的估值技术对被调查对象的平均支付意愿进行估计。估值方法的确定是这一阶段的重点。②环境物品总价值的计算。由评估对象的历史数据推断市场规模，人均平均支付意愿乘以市场规模得到评估对象的总价值。

3.4 CVM 的引导技术

CVM 问卷的核心在于如何设置估值问题来获取 WTP 或者 WTA，合适的引导技术是获得受访者真正 WTP（或 WTA）值的关键技术。在 CVM 的引导技术中，基本可以分为投标博弈式（bidding game，BG)、开放式（open-ended，OE）、支付卡式（payment ccard，PC）和二分式（dichotomous chioce，DC）四个类型（venkatachalam，2004）。前三类又称为连续型条件价值评估（continue CVM），后一类又称为离散型条件价值评估（discrete CVM）（Hanemann，1985；Ready et al., 1996），如图 3-2 所示。从实际的操作来看，大多数研究主要采用以下三种问卷方式：开放式、支付卡式以及二分式。

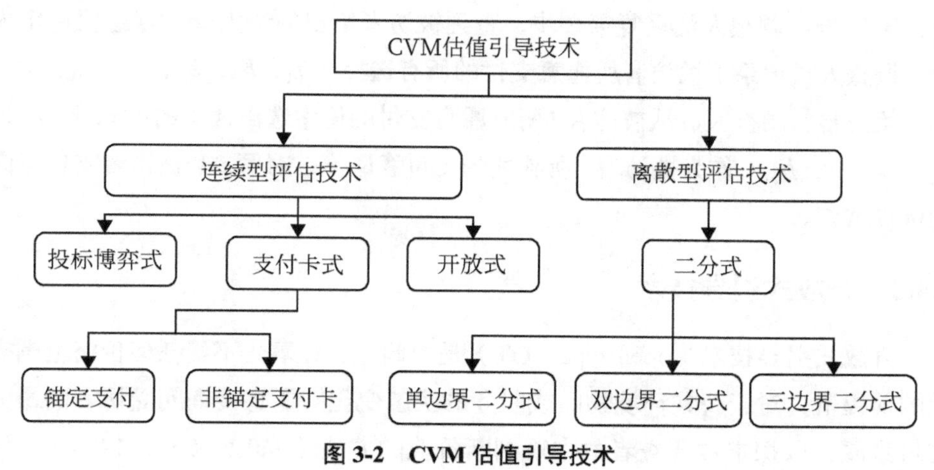

图 3-2 CVM 估值引导技术

3.4.1 投标博弈式引导技术

投标博弈式（bidding game，BG）是最早的支付意愿引导技术。其步骤是，调查者随机地从预先设计好的投标范围中选出一个标价，让受访者回答“是”或“否”，此过程一直重复，直到“最高的标价”被记录下来。Davis（Davis，1963）是第一个使用此方法的学者，该方法后来被较多学者用来估计公共物品的价值（Randall et al., 1974；Brookshire et al.，1982），尤其是在发展中国家（Whittington et al., 1990；1992）。这些学者的研究显示，投标博弈法在发展中国家应用效果较好，因为该方法能够更好地模拟市场。该方法的不足是：成本较高，最后得到的最高支付值与第一次的出价有较大关系。另外，该方法需要调查者与被调查者的互动，只能适用于面对面的调查，不适合于邮件调查。

具体引导技术如下：

以福州国家森林公园的游憩价值评估为例（下同），假设调查者已经设计好标价（单位：元）：b_1，b_2，b_3，…，b_k，满足 $b_1 < b_2 < b_3 < \cdots < b_k$。

第一步：对于第 i 个被访者，调查者从打乱顺序的｛b_1，b_2，b_3，…，b_k｝标价中随机选出一个标价 b_{i1}，向第 i 个被访者提问：

福州国家森林公园免费向公众开放，但运行的维护费用需要大家共同承担，如果让您每年自愿支付一定的维护费用，您是否愿意支付 b_{i1}？请从下面选项中选出您的答案写在括号内。（ ）

A. 愿意　　B. 不愿意

第二步：调查人员重复第一步，直到被访者给出的最大支付意愿值稳定为止。调查人员记录下被访者所愿意支付的所有选择｛b_{i1}，b_{i2}，b_{i3}，…，b_{iM}｝。

第三步：调查人员从被访者 i 所有愿意支付的值中选出最大的值 max｛b_{i1}，b_{i2}，b_{i3}，…，b_{iM}｝作为被访者 i 所陈述的支付意愿值，对第 i 个被访者支付意愿的调查结束。

3.4.2 开放式引导技术

开放式引导技术（open type，OT）是由调查者在事先不给任何价格范围提示的前提下，对于公共环境物品或服务的状态变化问题直接询问受访者的最大支付意愿，以探求被调查者的主观判断价值的方法（Walsh et al.，1984）。该方法简单方便，调查成本低，且不会导致起始点偏差。但问题较为开放，在对评价对象不熟悉的情况下或者不具备CVM受访经验的情况下，受访者对所询问价格的回答存在一定难度，容易出现大量的拒绝回答或者"零支付"的问题（Carson et al.，1996）。Hanemann（1984）认为开放式问卷容易导致策略性偏差，被调查者可能把消费成本作为游憩价值。

具体引导技术如下：

调查者向被访者 i 提问如下问题：

福州国家森林公园免费向公众开放，但运行的维护费用需要大家共同承担，如果让您每年自愿支付一定的维护费用，请问您每年愿意支付多少？请把您的答案写在括号内（　）（单位：元）。

被访者 i 给出的值 b_{ik} 直接作为他的支付意愿值。对第 i 个被访者的支付意愿的调查结束。

3.4.3 支付卡式引导技术

支付卡式引导技术（payment card，PC）最初是Mitchell和Carson（1989）为了解决起点偏差而设计出来的引导方式，它要求受访者根据物品禀赋从一组投标值中选择最接近自己的最大支付意愿金额或最小受偿意愿金额。支付卡问卷简明易懂，便于实施，有效降低了受访者为不具有市场价值的公共物品赋值的难度，提高了问卷的回收率；但会存在进入偏差和范围偏差的问题，无法调查到受访者的WTP值的中心价格（屈小娥，2012；查爱苹，2013）。

其具体步骤如下：

假设调查者已经设计好标价（单位：元）：b_1，b_2，b_3，⋯，b_k，满足 $b_1 < b_2 < b_3 < \cdots < b_k$。调查者将标价从小到大排列制成表 3-3 格式。

表 3-3 支付卡值列表

b_1	b_2	b_3	b_4	b_5
b_6	b_7	b_8	b_9	b_{10}
……	……	……	……	……
……	……	b_k		

调查人员向第 i 个被访者提问：

福州国家森林公园免费向公众开放，但运行的维护费用需要大家共同承担，请您从表 3-3 中勾选出每年您愿意支付的维护费用的最大金额。（ ）

假设 b_{ik} 为第 i 个被访者的选择，那么 b_{ik} 作为第 i 个被访者所陈述的支付意愿值，对第 i 个被访者的支付意愿的调查结束。

3.4.4 二分式引导技术

二分式引导技术（dichotomous choice， DC）又分为单边界二分式（single bound，SB-DC），双边界二分式（Double bound，DB-DC）和多边界二分式（multiple bound，MB-DC）。

3.4.4.1 单边界二分式引导技术（single bound，SB-DC）

基于以上引导技术存在的缺陷与不足，Heberlein 等人（1979）将二分式引导技术用于条件价值法的评估，Hanemann（1984）建立了条件价值法与随机效用最大化原理的有效联系，为 CVM 奠定了经济学基础，之后二分法在国际上得到广泛的运用与发展。Heberlein（1979）使用的是单边界二分式，其步骤是，在调查问卷中，设定一个投标值作为受访者的最大支付意愿（WTP) 或最小受偿意愿（WTA)，受访者只需要就给定的投标值回答“愿意（Yes）”或“不愿意（No）”，价值引导过程就结束。这种方式与开放式引导技术相比，受访者更容易回答；而与投标博弈式相比，最大支付意愿的得出更快。因此，该方法被认为是结合了投标博弈引导技术和开放式引导技术的优点，更能模拟市场定价行为，而且符合激励相容理论，策略偏差可以被消除（Carson et al., 1996；Hanemann，1994）。但是该方法同样存在起点偏差问题（Ready et al., 1996），而且调查出来的是最大支付意愿，不是实际支付意愿（Boyle et al., 1996）。为了克服单边界二分式引导技术的不足，Hanemann（1984；1985）提出了双边界二分式引导技术，Carson等（1990）和Hanemann等（1991）首次将该方法应用于环境物品的价值评估中。

具体引导技术为：

假设调查者已经设计好标价（单位：元）：b_1，b_2，b_3，…，b_k，满足 $b_1 < b_2 < b_3 < \cdots < b_k$。

对于第 i 个被访者，调查者从打乱顺序的｛b_1，b_2，b_3，…，b_k｝标价中随机选出一个标价 b_{i1}，向第 i 个被访者提问：

福州国家森林公园免费向公众开放,但运行的维护费用需要大家共同承担，如果让您每年自愿支付一定的维护费用，您是否愿意支付 b_{i1}？请从下面选项中选出您的答案写在括号内。（ ）

A. 愿意　　　　B. 不愿意

调查者把第 i 个被访者的选择和所对应的标价 b_{i1} 记录下来，对第 i 个被访者支付意愿的调查结束。

单边界二分式下，对于随机选择的标价 b_{i1}，被访者的选择只有两类：“愿意”“不愿意”。

3.4.4.2　双边界二分式引导技术

为了克服单边界二分式引导技术的不足，Hanemann（1984；1985）提出了双边界二分式引导技术，单边界二分式发展为双边界二分式。双边界二分式引导技术是在单边界二分式引导技术的基础上，再根据受访者的回答追问一个问题。如果受访者第一次回答“是”，则第二次提高“投标值”，让受访者回答“是”或“否”，引导过程结束；如果受访者第一次回答“否”，则第二次降低“投标值”，让受访者回答“是”或“否”，引导过程结束。双边界二分式比单边界二分式在统计上更有效率（Kanninen，1993；Hanemann，1991）。不足之处是双边界二分式需要大量的样本和复杂的计量经济学推断技术，而且与单边界类似的是,双边界二分式同样对起始投标点非常敏感,存在起始点偏差。

具体引导技术为：

第一步：类似于单边界，假设对于第 i 个被访者，随机选出标价值 b_{i1}，第 i 个被访者的选择是“不愿意”。

第二步，降低标价值。调查人员从低于标价值 b_{i1} 的所有标价中随机选出一个标价 b_{i2}（$b_{i2}<b_{i1}$），重复第一次的问题。

福州国家森林公园免费向公众开放,但运行的维护费用需要大家共同承担，如果让您每年自愿支付一定的维护费用，您是否愿意支付 b_{i2}？请从下面选项中选出您的答案写在括号内。（ ）

A. 愿意　　B. 不愿意

调查者把第 i 个被访者第一次的选择和所对应的标价 b_{i1} 及第二次的选择和所对应的标价 b_{i2} 记录下来，对第 i 个被访者支付意愿的调查结束。

如果在第一步中，第 i 个被访者对于标价值 b_{i1} 的选择是“愿意”，则在第二步中提高标价值。调查人员从高于标价值 b_{i1} 的所有标价中随机选出一个标价 b_{i2}（$b_{i2}>b_{i1}$），重复第一次的问题。

福州国家森林公园免费向公众开放,但运行的维护费用需要大家共同承担，如果让您每年自愿支付一定的维护费用，您是否愿意支付 b_{i2}？请从下面选项中选出您的答案写在括号内。（ ）

A. 愿意　　B. 不愿意

调查者把第 i 个被访者第一次的选择和所对应的标价 b_{i1} 及第二次的选择和所对应的标价 B_{i2} 记录下来，对第 i 个被访者支付意愿的调查结束。

对于双边界二分式，被访者的选择将分为四类：

“愿意，愿意”：第一次标价 b_{i1}，第二次标价 b_{i2}，$b_{i2}>b_{i1}$。

“愿意，不愿意”：第一次标价 b_{i1}，第二次标价 b_{i2}，$b_{i2}>b_{i1}$。

“不愿意，愿意”：第一次标价 b_{i1}，第二次标价 b_{i2}，$b_{i2}<b_{i1}$。

“不愿意，不愿意”：第一次标价 b_{i1}，第二次标价 b_{i2}，$b_{i2}<b_{i1}$。

3.4.4.3 多边界二分式引导技术

二分式引导技术调查的是游客愿意支付的最大价值，并不是实际支付意愿，因此利用二分式引导技术评估出来的环境物品价值与实际价值存在较大偏差。双边界二分式下的估计结果相对于单边界二分式，偏差的范围有所缩小。为了使评估更准确，Welsh 和 Poe（1998）、Bateman 等（2001）分别检验了边界数量与评估效果的关系，发现随着边界的增加，评估的置信区间逐渐缩小，评估有效性逐渐增加。Alberini 等（2003）研究得出，随着边界的增加，受访者评估的不确定性不断降低，评估有效性越来越高。但由于三边界二分式所需要的样本量更大，计量经济学推断技术更复杂，应用较少。

3.4.5 不同引导技术的优缺点比较

不同的引导技术对应不同的估值方法。从以上可知，每一种引导技术都不是完美的，各有优缺点（如表 3-4 所示）。从实践对应来看，支付卡式引导技术和双边界二分式引导技术使用较多。

表 3-4　常见的 CVM 引导技术优缺点对比

类型	特征	优点	缺点
投标博弈式	调查人员随机给出一个“出价”，让受访者回答“是”或“否”，一直重复该过程，记录受访者给出的最大“出价”作为最大支付意愿	通过重复博弈，能够把受访者真实的“支付意愿”引导出来。能够较好地模拟市场	时间长，成本大；存在起点偏差；不适合邮寄调查
开放式	直接询问受访者的最大 WTP	比较容易，不存在起点偏差	在对评价对象不熟悉的情况下，易产生大量的不回答、许多“零”支付；容易低估 WTP；易于引发策略偏差、抗议偏差
支付卡式	给出一组支付投标值，由受访者从中选取最大 WTP 或最小 WTA	实施简单、易于理解；降低公共物品赋值难度，提高问卷的回收率	存在进入偏差和范围偏差
二分式	给出受访者一个投标值，询问其是否愿意接受	能够有效模拟真实市场；克服了开放式问卷中常见的没有回应的问题；符合“激励相容”性质，能够得到较为准确的支付意愿	样本量大；统计模型复杂，统计技术难度大；存在“胖尾”现象和投标起点值偏差

资料来源：根据相关研究总结归纳。

第4章　CVM评估可能存在的偏差

偏差（bias），即系统误差，是指研究中的某一过程持续地向某一方向歪曲，由此得出的结果与总体的真实支付意愿出现较大偏离的现象。Venkatachalam（2004）、董雪旺（2011）曾对CVM可能出现的偏差进行总结和述评。概括起来，CVM评估游憩价值可能存在的偏差可分为三个方面：①研究方法本身产生的偏差；②问卷设计产生的偏差；③研究实施过程产生的偏差。

4.1　研究方法本身存在的偏差

4.1.1　假想偏差

假想偏差是由于受访者对假想市场的反应与对真实市场不一样而出现的偏差（Neill et al., 1995），是导致CVM存在不确定性的最重要因素之一。出现假想偏差的原因一般认为是由于受访者对评估对象的不熟悉以及对非市场交易方式的不适应。然而，从社会角色理论的视角来看，导致假想偏差的深层次原因是受访者的社会角色冲突和身份认同混淆。社会角色理论认为，每个人都是一个多重角色的集合体，需要随时对自己的角色进行转换，而这又需要环境、背景和其他角色的配合。CVM的假想性使得这种配合难以顺利出现，从而导致受访者的社会角色冲突和身份认同的混乱。

多数学者认为，CVM的基本假设是受访者都是理性的、自利的经济人，要求受访者在做出选择之前把自己的角色定位于消费者，是出于增进自身福利的目的来决定自己的“支付”，而不是作为公民，出于道德感或社会责任来进行“捐赠”。CVM的受访者在很多情况下是以“政治人”或“社会人”为出发点考虑问题的，其可能出现的利他行为表明，经济人和政治人的支付行为有比较大的差异（Nyborg，2000；Faber，2002）。对于发展中国家，居民收入水平较低，公益捐赠意识不强，这可能是造成拒绝支付率较高、WTP 值偏低的重要原因。假想偏差的存在可能会造成旅游资源游憩价值被低估。

然而，Duffield 和 Paterson（1991）、Seip 和 Strand（1992）的研究则得出了相反的结论。假想市场下的支付意愿由于不是实际支付，利用 CVM 得到的 WTP 高于受访者的真实支付。

可见，假想偏差对 WTP 的影响有可能是正向的，也可能是负向的。

4.1.2 信息偏差

完全信息是新古典经济学的基本前提。只有在完全信息状态下，受访者的支付意愿才能真正反映他们的偏好。受访者需要掌握的信息包括：评估对象的质量、性质、价值等相关信息，受访者自身的需要和预算约束，相关物品（替代品、互补品）的信息，其他消费者的 WTP 值等。

在实际评估时，被调查对象并不完全掌握被评估的物品或服务的信息，从而导致评估出的价值与实际价值不符，这一偏差称为信息偏差。信息导致的偏差既有可能使游憩价值被低估，也有可能使游憩价值被高估（Bergsrtom，1990）。Whitehead 和 Blomquist（1990）认为有三类信息会使游憩价值产生正向偏差：第一类是有价值物品的信息；第二类是预算约束和其他人的支付意愿；第三类是有可能影响受访者价值判断的相关环境物品的信息，如互补品的信息或替代品的信息。Adamowicz 等（1993）的研究显示，向受访者提供互补品的信息会产生正向的信息偏差，而向其提供替代品和预算约束的信息会产生负向的信息偏差。Neill（1995）和 Ajzen 等（1996）利用实验室实验研究也证实提供预算约束信息和替代品信息会影响受访者的支付意愿。Loomis 等（1994）利用美国俄勒冈州（Oregon）一个 300 万 acre（1 acre = 4046.86 m^2）的旧森林火灾预防和控制项目研究向受访者提供预算约束和替代品信息是否会对支付意愿有影响。为了比较，作者向一半受访者提供替代品和收入约束等信息，另一半受访者没有提供该信息。结果显示，两类受访者的支付意愿并无差异。作者认为受访者在填写支付意愿时已经考虑到自己的预算约束信息。

以上研究显示，不准确、不全面的信息有可能会影响受访者的支付意愿，产生信息偏差。但影响程度、影响方向并不能确定。通过提供相对准确、全面的信息有助于降低信息偏差的程度，但不会消除信息偏差。

4.1.3　抗议性偏差

抗议性偏差是指受访者倾向于反对假想的市场和支付工具而不愿意支付引起的偏差。受访者对假想市场产生反感，不愿意支付，导致这部分消费者的真实支付意愿不能获得。在对游憩价值进行评估时，只能利用其他受访者的支付意愿信息，从而导致估计的游憩价值与实际价值不一致。抗议性比率越高，抗议性导致的偏差就越大。

抗议性比率表示受访者对调查问卷的理解程度，成为问卷内容有效性的一个检验指标。发达国家的经验研究表明，抗议性比率在 15%以下是正常的。然而在发展中国家，抗议性反应相对较高。

减少抗议性比率是降低抗议性偏差的主要措施。并不是所有的拒绝支付都是抗议性支付，那些因收入受限或没有旅游需求而产生的拒绝支付并不是真正的抗议性支付。因而需要在拒绝支付中进一步识别拒绝支付的原因，只有那些既有能力又有需求意愿，但又不愿意支付的部分才属于抗议性支付，是真正的因反对这种假想市场方法而拒绝支付。董雪旺（2009）利用 CVM 对九寨沟游憩价值评估时，拒绝支付率为 32.4%。但拒绝支付的游客中，“纳税人已经纳税，应该由政府和地方来解决”“即使支付也不一定能用于九寨沟的保护”两项原因才属于抗议性支付，二者合计占拒绝支付的 54.2%，因而抗议性支付比率只有 17.56%，有效地降低了问卷的偏差。

4.1.4　策略性偏差

策略性偏差是指受访者出于某些原因，在回答时违背自己的真实支付意愿，故意夸大或缩小自己的 WTP 值。常见的原因有搭便车、谨慎偏差、过度承诺和奉承偏差等（Mitchell et al., 1989）。其中，前两者可能会造成负偏差，而后二者则可能会导致正偏差。在 CVM 的设计和调查实施中，要避免策略性偏差是极为困难的：为了获取受访者的信任，避免过多的抗议性回答，需要向受访者说明调查的假想性和虚拟性，这可能会导致受访者的过度承诺（由于实际上无需支付而夸大自己的支付意愿）；而为了克服过度承诺的偏差，问卷需要强调调查的真实性，提醒受访者根据自己的经济实力和消费能力谨慎作答，这又有可能引起受访者对于上当受骗或募捐乞讨的警惕心理。一些研究（董雪旺，2011）出于利于开展工作的考虑，调查者佩戴了景区的临时工作证。这有可能会导致奉承偏差，即受访者碍于情面而夸大自己的支付意愿；但同时也有一些受访者怀疑是景区在搞募捐活动而拒绝支付，可能会导致较低的支付意愿。策略性偏差对评估结果造成的影响是多方面的、复杂的，是正是负难以判断。Mitchell 和 Carson（1989）认为，利用二分式引导技术是避免策略性偏差的唯一选择。

4.2 问卷设计可能产生的偏差

4.2.1 引导技术偏差

引导技术偏差（elicitation bias）是指问卷设计时，由于引导技术的选择而使所评估的游憩价值与实际价值不符而产生的偏差。从前面引导技术的介绍可知，不同的引导技术产生的偏差类型、偏差大小是不同的。如投标博弈式、二分式都会存在起点偏差，支付卡会存在进入偏差和范围偏差，开放式虽然不存在起点偏差，但会存在策略偏差。

不同引导技术下的偏差方向、大小难以估计。在关于开放式引导技术与二分式引导技术估值结果的比较中，Desvousges 等（1993）、Ajzen 等（1996）和 Ready 等（1996）的研究显示，二分式引导技术下的估值高于开放式引导技术下的估值。

Cameron 等（2002）比较了单边界二分式、多边界二分式、变标价二分式、开放式、支付卡式以及联合分析式等六种引导技术下的估值结果，发现除了开放式和支付卡二种引导技术之外，其他四种引导技术得到的估值结果都是一致的。

总之，根据所研究对象的特征、被调查者的特征和调查成本等选择适当的引导技术是降低引导技术偏差的唯一选择。

4.2.2 起点偏差

起点偏差（starting point bias）是指在投标博弈引导技术、二分式等引导技术中，初始投标值、最大投标值、最小投标值和投标值间隔等都会影响估值结果。

由于初始投标值设置不合理、区间中跨度不合理等导致的偏差称为起点偏差（Walsh et al., 1984；Boyle，1985；Ready et al., 1996；Holms，1995；Chien，2005）。

对起点偏差的规避措施是：在调查前全面了解评估对象的信息，对其价值进行初步判断，然后设计问卷，进行预调查，并根据预调查结果重新检验初始投标值、最大投标值、最小投标值和投标值跨度等设置是否合理，重新修正问卷，从而使所设置的初始投标值、最大投标值、最小投标值以及投标值跨度与人们的支付意愿预期相一致。

4.2.3 嵌入性偏差（范围偏差）

嵌入性偏差（embedding or scope bias）是指这样一种现象，当评价一种物品或服务的 WTP 价值时，该价值是此物品的全部价值还是另一更大物品的部分价值，由于分不清两者之间的区别而导致的偏差，又称为整体 - 部分偏差（part whole bias）、分解偏差（disaggregation bias）、可加性偏差（sub-additivity bias）、范围偏差（scope bias）。

嵌入性偏差显然影响评估的结果，为了保证评估结果的有效性，需要进行内部一致性检验，而范围检验（scope test）是内部一致性检验的重要部分。Kahneman 和 Knestch（1992）为了进行范围检验，曾把一种环境物品分解为三种不同的物品，结果发现，受访者对三种物品的支付意愿并不显著差异，嵌入性问题非常严重。

嵌入性偏差来源于调查工具的设计不适当、不适当的调查过程与抽样方式以及被调查者对问题的不正确理解（Venkatachalam，2004；Oerlemans，2016），是所有偏差中最严重的一种偏差，需要特别重视。

嵌入性偏差一般发生于用 CVM 评价多种物品的价值情况下，对于单一物品的价值评价，一般不会出现。

4.2.4 序列偏差

序列偏差（sequencing bias）是指由于问题排序不同导致的偏差，又称问题顺序偏差（question order bias）。当一种物品的特定价值依赖于该物品在一个序列中的顺序时，序列偏差就会存在。Samples 和 Hollyer（1990）、Kahneman

和 Knestch（1992）、Boyle 等（1993）、Carson（2001）等学者进行的实证研究都发现了序列偏差的存在。

与嵌入偏差类似，序列偏差只出现在用 CVM 评价多个物品的价值情况下（Diamond et al., 1994）。

序列偏差产生的原因主要是对替代效应和收入效应考虑得不充分。序列偏差并不是 CVM 本身导致的，而是使用者对 CVM 的不当使用导致的，是使用者在问卷设计和调查过程中没有考虑替代效应和收入效应，以及对调查过程没有适当管理导致的（Mitchell et al.，1989；Carson et al.，2001)。

因此，为了消除序列偏差，需要对调查过程严格管理，一是在向受访者询问 WTP 问题时，要告诉他下一步是什么，二是完成问卷之后，要向受访者提供修正他们的支付意愿的机会（Whittington, 1992)。

4.3 实施过程偏差

4.3.1 总体偏差

总体偏差指研究者对调查对象的总体界定不准确、不清晰导致的偏差。因此，在进行 CVM 调查之前，应首先根据评估内容和目的界定总体。如果评估的是游憩价值，总体应为该游憩价值的享用者，即在该旅游地的所有游客中进行抽样；如果评估的是非使用价值，则根据评估对象的级别从不同尺度地理单元的居民中界定总体。然而，由于 CVM 既可以评估使用价值，又可以评估非使用价值，有些研究出现了使用价值与非使用价值混淆，进而对调查总体认识不清的问题。例如，在对敦煌的非使用价值的评估中，以游客作为总体，由此得出的结果明显偏小（郭剑英，2005）。

4.3.2 抽样偏差

抽样偏差是指调查过程中样本选择不准确产生的偏差。抽样偏差的来源主要有以下四个方面：

一是由于对总体界定不准确导致的抽样偏差。由于对总体界定不准确，导致抽样不准确，进而导致抽样偏差。对这种偏差的规避措施是对总体进行重新界定。

二是样本规模小导致的偏差。抽样调查的样本规模由总体规模、抽样精度要求和总体的异质性程度等因素决定。如果样本规模较小，对总体分布的推断不准确，偏差必然产生。

三是样本与总体不匹配导致的偏差。样本只有与总体相匹配，样本的分布才能代表总体的分布，利用样本推断的人均游憩价值才能代表总体的人均游憩价值，所计算出的总体游憩价值才是正确的。无论是评估游憩价值中的使用价值还是非使用价值，在计算总 WTP 时，必须以样本所属的总体为依据，而不应将从特定群体中得到的结果不加论证地推广到其他群体中去。如对游客进行抽样调查得出的人均 WTP，不应推广到居民或公众中去，因为前者对评估对象的偏好显然高于后者。

四是抽样方式不准确产生的偏差。NOAA 提出，CVM 调查应采用概率抽样方式（王尔大，2015），然而受现实条件的约束，大多数 CVM 研究都不能保证严格意义上的随机抽样。尤其是面向游客的游憩价值评估，随机抽样是无法实现的。首先，抽样框难以获取。一般情况下，研究者不可能在抽样之前获取总体中所有游客的名单并对其编号。其次，即便取得了抽样框，由于游客的机动性，无法真正按照随机原则抽取相应对象。再次，一些游客不愿意配合，不愿意填写问卷，导致随机抽样无法进行。调查中一般采取偶遇抽样（便利抽样）与随机抽样相结合的方法进行，即在游客较多的区域，随机选择调查对象，如果游客拒绝，再随机选择其他游客，在路上或游客少的区域，一般采用偶遇抽样，均属于非概率抽样方式。

在面向居民的非使用价值评估中，随机抽样理论上是可以实现的，但在实践中很少真正实施。例如，在对武夷山（许丽忠，2007）、黄山（张金泉，2007）、九寨沟（董雪旺，2011）、张家界（成程，2013）的价值评估中，所采用的抽样方式都不是严格意义上的随机抽样，大多是偶遇抽样，可能还包含一定比例的“雪球抽样”。

在随机抽样无法实现的情况下，适当地、有限度地使用偶遇抽样作为替代方法在一定范围内是可行的，其前提是调查总体具有较强的内部一致性。不难想象，到访某旅游地的游客与未到访的普通居民对于该旅游地游憩价值的偏好（从而引起的支付意愿率和 WTP 值）存在着显著差异，因此不应将游客调查得到的结论推广至全体居民。但在到访的游客内部，可以认为其偏好具有相对一致性，因此可以用偶遇抽样替代随机抽样。

4.3.3 调查方式偏差

CVM 调查中两种基本的调查方式是自填问卷法和结构式访谈法。前者可以节约时间、经费和人力，但问卷的应答率和填答质量难以保证；后者则反之。两种方式各有优缺点，在 CVM 调查中最好将二者结合起来使用，采用面访式的问卷调查，即个别或集中发放问卷，调查员现场指导受访者填答，当场回收。从我国相关研究的实践看，多数 CVM 调查采用了这种方式。

问卷调查中的回收率是指收回的有效问卷与实际发放的问卷的数量之比。一般而言，回收率越高，调查样本的代表性就越高。根据社会统计知识（艾尔，2002），50% 的回收率是起码比例，达到 60% 的回收率才算是好的。从实践结果来看，美国综合社会调查（General Social Survey，GSS）在其 40 多年的调查中，回收率基本上都处于 70% ～ 80% 之间，平均回收率为 76%。因此，NOAA 建议，面访调查中 70% 的回应率是比较合理的底线，而 75% 的回应率则更为有效。从我国 CVM 的研究实践看，一般采用面对面的调查方式，回收率比国外高（许丽忠，2007；张金泉，2007；张茵，2010；董雪旺，2011；成程，2013），都超过了 90%。

4.3.4 数据统计偏差

数据统计过程中，使用平均值或中位值、极端值的处理等也都会对评估结果产生影响，造成偏差。首先，WTP 的期望值应采用平均值还是中位值直接影响评估结果。学术界对于“WTP 的期望值应该采用平均值还是中位值”这一问题存在着较大的争议。从理论上说，WTP 的理论基础来自希克斯（John R. Hicks）的消费者剩余福利既定条件下的收入补偿原则，而无论是等量变差还是补偿变差的计算，都以平均值为基础。然而，国外一些研究者认为，由于受访者的 WTP 值很多情况下都比较离散，平均值容易受极端值的影响而发生扭曲，而且可能会掩盖受访者之间偏好的差异，因而主张采用中位值来代替平均值（Loomis，1993）。受此观点的影响，国内的多数 CVM 研究采用中位值。Bateman（1999）等认为，究竟是采用平均值还是中位值，要视研究目的而定。平均值的理论和逻辑基础坚实，如果强调决策的效率和科学性，应采用平均值；

如果考虑社会的公正角度，采用中位值更合适。董雪旺（2011）认为，国内的CVM 研究，主要为资源所有者保护环境资源等科学决策提供依据，应采用平均值。

其次，对于极端值的处理也会影响评估结果。至今为止，除了明显的不合理的极端值（如年支付意愿超出自己的收入），什么样的极端值才是不合理的，并没有绝对的标准。研究者完全凭借自己的经验对极端值进行判断、处理。

综合以上分析，CVM 存在的各种偏差类型及其特点归纳为表 4-1。

表 4-1　CVM 偏差类型与特点

偏差来源	偏差类型	偏差特点
研究方法	假想偏差	受访者难以对假想市场做出如同在真实市场的反应
	信息偏差	评估对象的概况、相关替代品、其他人的支付意愿等信息不足，受访者难以对 WTP 正确地表达
	抗议偏差	受访者因对该调查方式抗议而拒绝支付
	策略偏差	受访者存在警惕心理，故意隐瞒自身社会经济信息并说高或说低自己的 WTP 值
问卷设计	引导偏差	引导方式本身特点不可避免的偏差，如二分式需要设置起点导致起点偏差，开放式没有设置起点会导致策略偏差
	起点偏差	CVM 问卷中最低投标起点、最高投标起点以及投标值间距等会对受访者产生明显的影响
	嵌入性偏差	对某种物品或服务作为一种更具包容性的物品或服务的一部分的 WTP 比对其本身独立估值时的 WTP 较低的现象
	序列偏差	对问题的不同排序使受访者对问题的重要性做出误判而产生偏差
实施过程	总体偏差	对总体界定不准确或不清晰导致的偏差
	抽样偏差	抽样与总体不匹配、抽样规模较小等使得对总体分布的推断错误导致的偏差
	调查方式偏差	邮寄信函、电话、面对面采访等不同调查方式对结果的影响
	统计偏差	中位值、平均值、极端值等的不同处理对结果的影响

第 5 章　WTP 均值估计方法与检验

不同的支付意愿引导技术下，WTP 的均值估计方法并不相同。下面针对当前广泛使用的支付卡引导技术和二分式引导技术，说明 WTP 均值的估计方法与检验方法。

5.1　支付卡引导技术下 WTP 均值的估计方法

基于支付卡式引导技术的 WTP 均值估计技术可分为非参数方法和参数方法。非参数方法不需要设定随机干扰项的分布，计算过程相对简单。参数方法需要设定随机干扰项服从的分布，建立支付意愿值与协变量之间的模型，配合相应的统计推断，估计技术相对复杂。

5.1.1　WTP 均值的非参数估计方法

相比于参数估计方法，非参数估计方法具有如下优点：一是参数方法计算复杂，而非参数方法比较直观、简单；二是非参数方法假定条件比较少，适用范围比较广泛（蔡志坚，2017）；三是非参数方法不需要对总体的分布进行假定，避免了参数推断时可能导致的偏差（Vaughan et al., 2001; Haab et al., 2003）。

非参数估值方法是将被访者在每一个支付值上对应的意愿支付概率与支付值加权求和计算出游客的平均支付意愿。

假设支付卡上共有 M 个投标值，b_1，b_2，b_i，…，b_M，针对受访者有 n 个调查样本，选择支付值 b_i（$i=1$，2，…，M）的样本共 n_i（$i=1$，2，…，M）个，$n=n_1+n_2+\cdots+n_M$，对于 $i>j$，有 $b_i>b_j$。

设 P_j 为投标值 b_j 下，受访者选择“是”的概率。

$P_j = P(b_{j-1} < \mathrm{WTP} \leqslant b_j)$，$j = 1, 2, \cdots, M$。

累积分布函数 $F_j = P(\mathrm{WTP} \leqslant b_j)$，$j = 0, 1, \cdots, M$。

概率分布函数 $P_j = F_j - F_{j-1}$，$F_j = \dfrac{Y_j}{N_j + Y_j}$。

N_j 为在投标值 b_j 处回答“否”的数量，Y_j 为在投标值 b_j 处回答“是”的数量。对于 $b_i > b_j$，有 $P_i < P_j$。P_j 与 b_j 的关系示意图如图 5-1 所示。

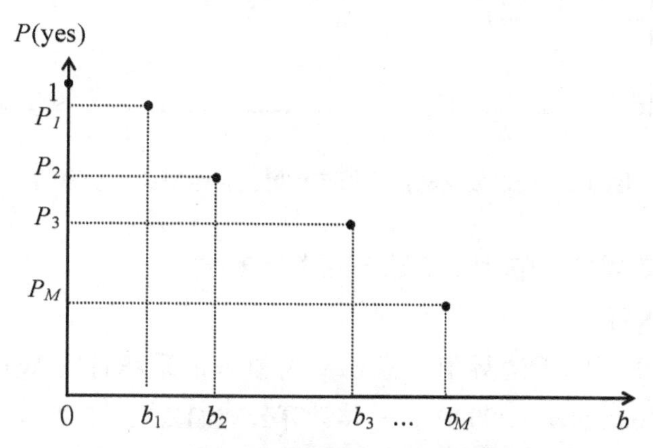

图 5-1　投标值与意愿支付概率关系示意图

资料来源：蔡志坚，杜丽永．流域生态系统恢复价值评估：CVM 有效性与可靠性改进视角 [M]．北京：中国人民大学出版社，2017.

由于支付卡引导技术仅提供有限个投标值与意愿支付概率之间的响应点，借以估计 WTP 的分布函数时带来两个问题（蔡志坚，2017）：一是我们不知道小于 b_1 和大于 b_M 响应概率，二是我们并不知道 b_j 与 b_{j+1} 之间的支付值的响应概率。因此需要做如下处理：一是增加 $b_0=0$ 为最小投标值，b_{M+1} 为最大投标值，并假定在 b_0 处的意愿支付概率为 1，在 b_{M+1} 处的意愿支付概率为 0，即 $P_0 = P(\mathrm{WTP} = b_0) = 1$，$P_{M+1} = P(\mathrm{WTP} = b_{M+1}) = 0$；二是假定被访者在区间 $[a_j, a_{j+1}]$ 内每一个支付值上的意愿支付概率与支付值呈线性反向关系，即支付值越高，支付意愿概率越低。在这一假定下，可通过插值法得到两个投标点之间的任一点对应的支付意愿概率值。经过处理的支付值与意愿支付概率之间的关系如图 5-2 所示。

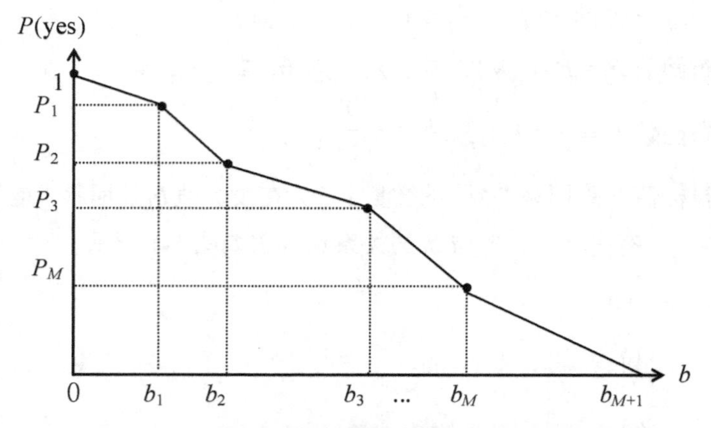

图 5-2　经过处理的投标值与意愿支付概率关系示意图

在具体计算 WTP 均值时，又出现三类计算方法：

①下边界求解方法

该方法利用区间下边界值与意愿支付概率的乘积计算 WTP 均值（Haab et al.，2003；Rodriguez，2009），具体计算公式如公式（5-1）。

$$E(\mathrm{WTP})_{\mathrm{L}}=\sum_{j=1}^{M}b_jP_j \tag{5-1}$$

②中值求解方法

该方法是利用区间中点值与意愿支付概率的乘积计算 WTP 均值（Kriström，1990)，具体计算公式如公式（5-2）。

$$E(\mathrm{WTP})_{\mathrm{M}}=\sum_{j=1}^{M}(\frac{\mathrm{b}_j+b_{j+1}}{2})P_j \tag{5-2}$$

③上边界求解方法

该方法是利用区间上边界值与意愿支付概率的乘积计算 WTP 均值（Boman, et al.，1999)，具体计算公式如公式（5-3）。

$$E(\mathrm{WTP})_{\mathrm{U}}=\sum_{j=1}^{M}b_{j+1}P_j \tag{5-3}$$

5.1.2　WTP 均值的参数估计方法

WTP 均值的参数估计方法是在对被访者总体分布进行设定的前提下，建立每一个被访者的支付意愿与相关影响因素之间的回归分析模型，通过对模型参数的估计结果，计算出 WTP 均值。被访者支付意愿值与其影响因素的关系一般采用线性模型如式（5-4）或对数线性模型如式（5-5）：

$$\mathrm{WTP}=x'\beta+\mu \tag{5-4}$$

$$\log \mathrm{WTP}=x'\beta+\mu \tag{5-5}$$

其中，WTP 为被访者真实愿意支付的值，是不可观测的，x' 为游客的社会经济特征及其他解释变量，β 为参数，μ 为随机干扰项，独立同分布，服从正态分布，$\mu \sim N(0, \sigma^2)$。

当采用线性模型（M1）时，由于参数估计方法不同，又区分为几种类型。

5.1.2.1　Tobit I 模型回归法

模型如式（5-4）中，当 WTP 为负值时，不能观察，是潜变量，我们需要用被访者陈述的支付意愿 WTP* 替代。

模型转变为

$$\mathrm{WTP}^{*}=x'\beta+\mu \tag{5-6}$$

在支付卡引导技术下，最低支付值大于等于 0。WTP* 与 WTP 之间存在如下关系：

$$\mathrm{WTP}^{*}=\begin{cases}\mathrm{WTP}, & \mathrm{WTP}>0\\ 0, & \mathrm{WTP}\leqslant 0\end{cases}$$

由于大量 WTP 的负值归并为 WTP* 的 0 值，式（5-6）中的被解释变量 WTP* 不再服从正态分布，最小二乘法不再适用于式（5-6）中参数的估计。

实践中利用 Tobin（1958）提出的最大似然估计方法（maximum likelihood estimate，MLE）对式（5-6）的参数进行估计，被称为 Tobit I 模型估计方法。

利用 Tobit I 模型进行参数估计，得到支付意愿的期望值为

$$E(\mathrm{WTP})=\Phi\left(\frac{\overline{x}'\hat{\beta}}{\sigma}\right)\left(\overline{x}'\hat{\beta}+\sigma\left(\varphi\left(\frac{\overline{x}'\hat{\beta}}{\sigma}\right)\bigg/\Phi\left(\frac{\overline{x}'\hat{\beta}}{\sigma}\right)\right)\right) \tag{5-7}$$

式中，$\Phi(z)$、$\varphi(z)$ 分别为标准正态分布函数和标准正态分布密度函数。

5.1.2.2　Tobit II 模型回归法

Tobit I 模型在对参数估计时，把所有响应情况的数据放在一起回归，没有区分零响应中拒绝支付的零响应、负响应与愿意支付的零响应、正响应对被解

释变量影响机制的差异，可能导致估计不一致。

Cragg (1971) 对 Tobit I 模型进行了推广，提出了两部分模型（two-part model）回归方法，被称为 Tobit II 模型估计方法。

Tobit II 模型对支付意愿期望值的估计方法具体如下。首先把被访者的支付意愿决策分解为两个部分，第一部分决定是否愿意支付，第二部分在愿意支付的情况下，决定愿意支付多少，建立两部分模型：

$$\begin{cases} d_i = x_i'\gamma + \varepsilon_i \\ \mathrm{WTP}_i{*} = x_i'\beta + \mu_i \end{cases} \tag{5-8}$$

式中，d 表示被访者的支付意愿，$d = \begin{cases} 1, & \text{愿意支付} \\ 0, & \text{不愿意支付} \end{cases}$，$\mathrm{WTP}{*} = \begin{cases} 0, & d=0 \\ \mathrm{WTP}, & d=1 \end{cases}$，$\mu_i$、$\varepsilon_i$ 为随机干扰项，μ_i 独立同分布，且服从正态分布，$\mu_i : N(0,\ \sigma_\mu^{\ 2})$，$\varepsilon_i$ 独立同分布，且服从正态分布，$\varepsilon_i : N(0,\ \sigma_\varepsilon^{\ 2})$，$\mathrm{cov}(\mu_i,\ \varepsilon_i) = \rho$。

式（5-8）中的第二部分只考虑愿意支付的被访者的支付值，而不愿意支付的被访者的 0 支付值和负支付值被排除在模型之外，因此需要利用截断回归方法对式（5-8）的参数进行估计。

由于式（5-8）的随机干扰项 ε 和随机干扰项 μ 存在相关性，Heckman（1979）提出“两步估计法”（two-step estimation)，又称为“Heckkit”方法。

利用“Heckkit”方法，得到支付意愿的期望值为

$$E(\mathrm{WTP}) = \overline{x}'\beta + \rho\sigma_\mu\lambda(-\overline{x}'\gamma) \tag{5-9}$$

当采用对数线性模型时，支付意愿的期望值为

$$E(\mathrm{WTP}) = \exp(\overline{x}'\beta + \rho\sigma_\mu\lambda(-\overline{x}'\gamma)) \tag{5-10}$$

当 $\rho=0$ 时，式（5-8）的随机干扰项 ε 和随机干扰项 μ 没有相关性，说明样本选择偏差不大，直接将抗议性样本排除，对式（5-8）进行 OLS 估计。

从理论上看，Tobit II 模型估计方法更为合理。这一方法也得到一些学者的认可（蔡志坚 等，2017）。但由于 Tobit II 模型对参数的估计技术比较复杂，实践应用较少。

5.1.2.3 区间估计法

在利用支付卡引导支付意愿时，由于支付卡所显示的支付值是离散值，被访者陈述的支付意愿值 $\mathrm{WTP}_i{*}$ 并不是其实际愿意支付的值。

其实际上愿意支付的值 WTP_i 介于所陈述的 $\mathrm{WTP}_i{*}$ 所对应的支付卡上的值

B_t 与上一个支付卡上的值 B_{t+1} 之间，即 $B_t \leqslant \text{WTP}_i < B_{t+1}$。

Cameron 和 Huppert (1989) 提出更为合理的区间估计方法，对式（5-4）中的参数进行估计，具体估计方法为：

假设 WTP_i 在支付卡上的支付值上界为 t_U，支付值下界为 t_L，则

$$\begin{aligned} P(t_\text{L} \leqslant \text{WTP}_i < t_\text{U}) &= P(\frac{t_\text{L} - x_i'\beta}{\sigma} \leqslant z_i < \frac{t_\text{U} - x_i'\beta}{\sigma}) \\ &= \Phi(\frac{t_\text{U} - x_i'\beta}{\sigma}) - \Phi(\frac{t_\text{L} - x_i'\beta}{\sigma}) \\ &= \Phi(z_{Ui}) - \Phi(z_{Li}) \end{aligned}$$

$\Phi(z)$ 为标准正态分布的累积函数。

支付意愿的期望值为

$$E(\text{WTP}) = \overline{x}'\beta + \sigma^2/2 \tag{5-11}$$

5.1.2.4　对数线性函数方法

当采用对数线性模型式（5-5）时，$\log WTP_i = x'\beta + \mu_i$。

由于 WTP 必须为正数，因此，当用 WTP* 替代 WTP 时，直接排除掉所有 WTP ≤ 0 的样本，不再有归并情况，只有截断数据情况。直接用截断数据模型估计法或区间估计法对参数进行估计，具体估计过程与线性模型的截断数据参数估计法和区间估计法相似，只是须经过一步指数转化。

利用截断数据模型法得到的支付意愿的期望值为

$$E(\text{WTP}) = \exp(\overline{x}'\beta) \cdot \exp\left\{\sigma\left[\varphi\left(\frac{\overline{x}'\beta}{\sigma}\right) \Big/ \Phi\left(\frac{\overline{x}'\beta}{\sigma}\right)\right]\right\} \tag{5-12}$$

利用区间估计法得到的支付意愿的期望值为

$$E(\text{WTP}) = \exp(\overline{x}'\beta) \cdot \exp(\sigma^2/2) \tag{5-13}$$

5.2　二分式引导技术下 WTP 均值的估计方法

由于二分式引导技术下，被访者对于给定的支付值，只有两种选择“是”或“否”，二分式引导技术下对 WTP 均值的估计主要是基于间接效用函数理论和离散选择模型的回归分析技术。利用离散选择模型建立投标值与支付意愿

之间的二值或多值选择模型，估计参数，计算 WTP 均值。

5.2.1 单边界二分式引导技术估值方法

单边界二分式下，调查者仅有一次出价过程，被访者只有两种选择“是”或“否”。因此离散选择模型采用二值选择模型。但对于支付意愿值与其影响因素的关系一般采用线性模型或对数线性模型，WTP 均值的估计方法又有不同。下面分两种情况介绍。

5.2.1.1 支付意愿为线性模型

设被访者支付意愿值与其影响因素的关系为线性关系式（5-4），即

$$\mathrm{WTP} = x'\beta + \mu$$

若 μ_i 服从正态分布，$\mu_i : N(0, \sigma_\mu{}^2)$。对于第 i 个被访者，假设随机给出的标价为 B_i, 则被访者愿意支付 B_i 的概率为

$$\begin{aligned}P(\text{yes}) &= P(\mathrm{WTP}_i \geqslant B_i) = P(x_i'\beta + \mu_i \geqslant B_i)\\ &=P(\mu_i \geqslant B_i - x_i'\beta)\\ &=P(\frac{\mu_i}{\sigma} \geqslant \frac{B_i - x_i'\beta}{\sigma})\\ &=1 - P(\frac{\mu_i}{\sigma} < \frac{B_i - x_i'\beta}{\sigma})\\ &=1 - \Phi\left(\frac{B_i - x_i'\beta}{\sigma}\right) = 1 - \Phi\left(\alpha^* B_i + x_i'\beta^*\right)\end{aligned}$$

式中，$\alpha^* = \frac{1}{\sigma}$，$\beta^* = -\frac{\beta}{\sigma}$，$\Phi(z)$ 为标准正态分布累积分布函数。

利用 Probit 模型参数估计方法，得到 $\hat{\alpha}^*$，$\hat{\beta}^*$，从而得到 $\hat{\beta}$。

支付意愿的平均值为

$$E\left(\mathrm{WTP}\right) = E(x'\hat{\beta} + \varepsilon) = \overline{x}'\beta \quad (5\text{-}14)$$

若服从逻辑分布（logistic distribution），期望值为 0，方差为 $\pi^2\tau^2/3$。对于第 i 个被访者，假设随机给出的标价为 B_i，则被访者愿意支付 B_i 的概率为

$$\begin{aligned}P(\text{yes}) &= p = P(\mathrm{WTP}_i^* \geqslant B_i) = P(x_i'\beta + \mu_i \geqslant B_i)\\ &=P(\mu_i \geqslant B_i - x_i'\beta)\\ &=P(\frac{\mu_i}{\tau} \geqslant \frac{B_i - x_i'\beta}{\tau}) = 1 - P(\frac{\mu_i}{\tau} < \frac{B_i - x_i'\beta}{\tau})\\ &=1 - \Lambda(\frac{B_i - x_i'\beta}{\tau}) = 1 - \Lambda(\alpha^* B_i + x_i'\beta^*)\end{aligned}$$

式中，$\alpha^*=\frac{1}{\tau}$，$\beta^*=-\frac{\beta}{\tau}$，$\Lambda(z)$为标准逻辑分布累积分布函数。

$$\Lambda(z)=1-[1+\exp(z)]^{-1}$$

$$P(\text{no})=1-p=\Lambda(\alpha^* B_i+x_i'\beta^*)$$

$$\ln(\frac{p}{1-p})=\alpha^* B_i+x_i'\beta^*$$

利用Logit模型参数估计方法，得到$\hat{\alpha}^*$，$\hat{\beta}^*$，从而得到$\hat{\beta}$。

支付意愿的平均值为

$$E(\text{WTP})=E(x'\hat{\beta}+\mu)=\overline{x}'\beta$$

5.2.1.2 支付意愿为对数线性模型（蔡志坚 等，2017）

设被访者支付意愿值与其影响因素的关系为对数线性关系（模型M2），即

$$\ln \text{WTP}=x'\beta+\mu$$

则

$$\text{WTP}=\exp(x'\beta)\cdot\exp(\mu)$$

$$E(\text{WTP})=\exp(\overline{x}'\beta)\cdot E(\exp(\mu))$$

若服从逻辑分布，期望值为0，方差为$\pi^2\tau^2/3$。

则

$$E(\text{WTP})=\exp(\overline{x}'\beta)\cdot(\frac{\pi\tau}{\sin\pi\tau}) \quad (5\text{-}15)$$

5.2.2 双边界二分式引导技术估值方法

双边界二分式下，被访者经过两次询价，其选择分为四个类型：“是，是（yy）”“是，否（yn）”“否，是（ny）”“否，否（nn）”。需采用有序多值选择模型对参数进行估计。

设第i个被访者第一次的询价为B_i，如果被访者选择“是”，则第二次的询价为$B_i^{\text{U}}(B_i^{\text{U}}>B_i)$。如果被访者选择“否”，则第二次的询价为$B_i^{\text{L}}(B_i^{\text{L}}<B_i)$。

整个实数区间被分为四个区间（$-\infty$，B_i^{L}）、[B_i^{L}，B_i）、[B_i，B_i^{U}）、[B_i^{U}，∞）用于表示被访者的选择，则被访者的每一选择对应着其真实的最大WTP值位于四个区间中的一个，用概率表示为

$$P(\text{yy}=1)=P(\text{WTP}_i>B_i^{\text{U}})=1-G(B_i^{\text{U}},\beta)$$

$$P(\text{yn}=1)=P(B_i\leqslant \text{WTP}_i<B_i^{\text{U}})=G(B_i^{\text{U}},\beta)-(B_i,\beta)$$

$$P(\text{ny}=1)=P(B_i^{\text{L}}\leqslant \text{WTP}_i<B_i)=G(B_i,\beta)-(B_i^{\text{L}},\beta)$$

$$P(\text{nn}=1)=P(\text{WTP}_i<B_i^{\text{L}})=G(B_i^{\text{L}},\beta)$$

其示意图如图 5-3 所示。

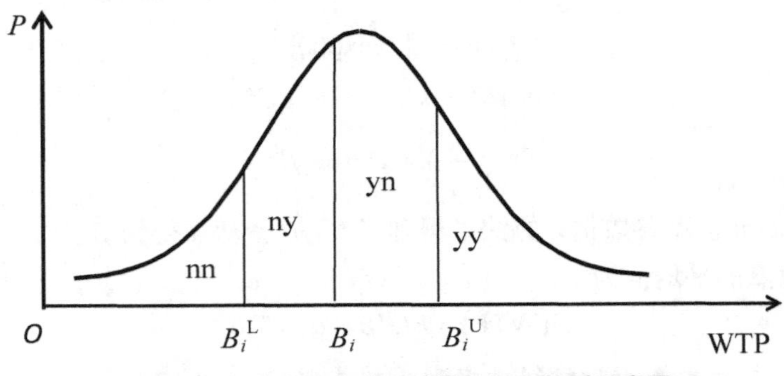

图 5-3　被访者支付意愿选择与概率关系示意图

利用最大似然估计方法（maximum likelihood estimate，MLE）估计参数，建立似然函数对数为

$$\ln L=\sum_{i=1}^{n}\left\{\begin{array}{l}\mathrm{yy}\cdot\ln\left[1-G(B_i^{\mathrm{U}},\beta)\right]+\mathrm{yn}\cdot\ln\left[G(B_i^{\mathrm{U}},\beta)-(B_i,\beta)\right]\\+\mathrm{ny}\cdot\ln\left[G(B_i,\beta)-(B_i^{\mathrm{L}},\beta)\right]+\mathrm{nn}\cdot\ln\left[G(B_i^{\mathrm{L}},\beta)\right]\end{array}\right\}$$

根据 $G(z)$ 服从的分布类型，利用 MLE 方法对模型参数进行估计。其 WTP 均值的计算公式与单边界二分式的计算公式相似。

5.3　效度检验方法

效度即有效性，是指调查的度量标准反映某一概念的真正含义的程度。效度分为 4 种类型：内容效度（content validity）、准则效度（criterion validity）、收敛效度（convergent validity）和理论效度（theoretical validity）（Mitchell et al., 1989；Bateman et al., 2001）。

5.3.1　内容效度检验

内容效度是指测量内容的适合性和相符性，即测量所选的工具是否符合测量的目的和要求，是否能让受访者恰当地陈述其真实的 WTP。在 CVM 中，内容效度是指 CVM 调查的清晰明确与客观中立，包括问卷不应对受访者产生诱导、提供的信息不应引起误解、受访者不应对某些指标或调查环境或某些环节特别敏感、调查实施过程不应对调查结果产生影响等。现对内容效度检验中可测度比较高的两个方法进行介绍。

一是检验抗议性响应程度及原因。抗议性响应的存在说明部分受访者对问卷内容或问卷调查不满意，不愿意配合调查，说明内容设计可能存在问题。在参数估计时，抗议性响应越高，直接把抗议性样本删除导致的样本选择偏差也越严重，内容效度也越低。因此对抗议性响应程度的检验是检验内容有效性的一个重要方法。对抗议性响应的检验首先要识别抗议性响应是真的抗议性响应还是零响应。蔡志坚等（2017）提出如下检验方法，向受访者追加提问一个问题，“你是否愿意为该景区的保护支付 1 元？”如果抗议者选择“愿意”，则为零响应，如果选择“不愿意”，则为真的抗议性响应。其次对真的抗议响应的受访者，识别导致其抗议的原因，是否属于内容陈述不恰当或收入不高造成的。如果是由于个人收入有限、受益有限或内容陈述不恰当等原因，应归属于零响应，而不是抗议性响应。

二是检验受访者对评估内容的熟悉程度。受访者对评估内容越熟悉，越能够准确理解调查内容，所陈述的支付意愿也越准确。反之，受访者如果对评估内容不熟悉，不确定性就越高，受访者的支付意愿越不准确，一般也越低。可通过如下方法检验熟悉程度是否影响内容有效性。建立度量熟悉程度的指标（如受访者到评估景区的经历、到评估景区所在城市的经历、对评估景区信息的了解程度等）与支付意愿值之间的回归分析模型，如果度量熟悉程度的指标对支付意愿值的影响显著，说明问卷内容是有问题的，不能通过内容有效性检验。反之，则说明问卷内容是有效的。

5.3.2 准则效度检验

准则效度是指根据某种已经得到确认的理论，选择一种指标或测量工具，作为另一种指标或测量工具的准则或标准，以此确定后者的效度。

实践中，比较常用的方法是将 CVM 测度的结果与利用旅行费用法（TCM）等显示偏好法（RP）的评估结果进行比较，评估 CVM 的准则有效性。自从 Knetsch（1966）等首次将准公共物品的估价方法进行比较以来，准则效度检验成为 CVM 研究中的重要领域。然而，Cummings（1986）等认为，显示偏好法的评估结果也存在误差，也不一定是真理，对两种方法的评估结果进行比较很大程度上是在测算收敛效度而非准则效度。

5.3.3 收敛效度检验

收敛效度指源于同一理论下的两种方法测量结果的一致性。其检验方法主要是将 CVM 评估结果与旅行费用法（TCM）等显示偏好法（RP）的评估结果进行比较，分析两者评估结果的收敛情况。Carson 等（1996）对 CVM 与显示偏好法的研究成果进行了比较分析，发现 CVM 的评估结果要小于 RP 的评估结果，CVM 与 TCM 之比在 0.95 的置信水平上的置信区间为 0.81—0.96，均值为 0.89。研究表明，与 RP 的评估结果相比，CVM 的评估结果总体偏小，但二者具有一定的相关性，收敛效度检验效果良好。然而，Chaudhry 等（2006）在印度研究的 CVM 与 TCM 的比值为 0.022，收敛效度很差。作者认为，在发展中国家，CVM 的各种偏差会变得更加明显，而且倾向于低估旅游资源的价值。国内学者也对 CVM 与 TCM 两种方法的估值结果进行了比较，董雪旺（2011）利用 TCM 和 CVM 两种方法对九寨沟游憩价值的计算结果显示 CVM 与 TCM 比值为 0.071，收敛效度较差。

5.3.4 理论效度检验

理论效度指利用 CVM 方法得到的支付意愿值 WTP 是否与经济学理论相一致。理论效度的检验方法主要是通过考察支付意愿与受访者的社会经济特征或其他相关影响因素是否符合经济学原理来判断其理论有效性。将支付意愿与受访者社会经济特征变量加以回归分析是验证 CVM 理论效度的重要手段（Mitchell，1989）。CVM 的理论效度在发达国家得到普遍的认可与证实。Lienhoop（2011）、Carson（2012a；2012b）、Salvador（2016）等人的研究结果指出 CVM 在特定的条件下均具有良好的理论效度。Smith（1996）、Lee（2002）等人的研究结果显示，虽然 CVM 表面上理论效度较差，但是依然可以从经济学的角度给出合理的解释。但从中国所做的案例研究来看，理论效度较差，CVM 理论有效性尚需进一步验证。理论效度检验的具体方法是：

首先建立支付意愿与受访者的个体特征、森林公园感知与经历的函数关系，假设支付意愿与受访者的个体特征、森林公园感知与经历的函数关系为线性关系，具体化为式（5-16）：

$$\mathrm{WTP} = \beta_0 + \beta_1 x_1 + \beta_2 x_2 + \cdots + \beta_k x_k + \mu \tag{5-16}$$

式中，WTP 为因变量，表示受访者的支付意愿，$x_i(i=1, 2, \cdots, k)$ 为自变量，表示受访者的个体特征，如年龄、收入、职业、教育水平、家庭人口等，$\beta_i(i=1, 2, \cdots, k)$ 为待估参数，μ_i为随机干扰项，假设服从正态分布，$\mu : N(0, \sigma^2)$。

根据经济学理论，受访者的收入越高，其支付意愿越大。因而收入变量的回归系数应该为正。如果回归结果显示收入变量的回归系数为负，说明 CVM 不满足理论有效性。

5.4　信度检验方法

信度即可靠性，是指在不同的时间，或其他不包含实质变化的维度上，采用相同的方法是否会得到一致的结果。信度衡量的是方法的可重复性和稳定性，根据分析方法的不同，可以分为再测信度、复本信度和折半信度三种类型。

再测信度是用同样的问卷和调查方式对同一群受访者间隔一定时间重复调查，检验两次调查结果的一致性，以此衡量人们的偏好是否保持一致。

复本信度是设计两套在内容、长度、难度上尽可能相似的问卷，这两套问卷是等价的，称为复本，用两套问卷调查同一个对象，比较相应问题的答案，求出相关系数，称为复本信度，又称等价系数。显然等价系数越高，说明问卷的信度越高。

折半信度是将测试后的问卷题目分成两半，一般是按题目的奇偶顺序分半。这两半可视为最短时距内的两次调查，计算两半问卷之间的相关系数，相关系数越高，说明问卷有效性越高。折半信度一般适用于没有复本且只能实施一次的情况。

三种检验方法中，折半信度受题目之间的一致性、记分、受测者状态等多种因素的影响，可以较好地反映一份测验受随机误差影响的程度，主要衡量测验的内部一致性程度。但不能评价整体的信度情况。复本信度优越于再测信度之处在于，它不受时间因素的干扰，但要设计好两套等价的问卷，难度相当大。

因此，实践中使用最多的是再测信度。

再测信度在应用中需要解决时间间隔、适用范围和调查对象三个关键问题。

（1）间隔时间。两次调查之间间隔的时间要适中。Venkatachalam（2004）指出：间隔太短可能使受访者产生回忆效应或逆反心理，影响第二次调查的独立性；间隔太长则社会经济背景和个人的社会经济特征将发生较大改变。但两次调查之间间隔多长，学者并没有得出一致的结论。Brouwer（2006）的两次调查时间间隔为8个月，调查结果显示WTP具有较好的稳定性。Brouwer等（2008）分别做了间隔2年、5年的调查，发现WTP都不具有时间稳定性。McConnell等（1998）认为间隔2周～2年的WTP具有稳定性，2年以后则不能保证。但许丽忠等（2007）在对武夷山的非使用价值进行调查时采用的时间间隔是6个月，结果发现第二次调查的支付意愿率显著降低，并不支持McConnell等（1998）的结论。

（2）适用范围。一般认为，再测信度适用于事实性问卷，而不太适用于态度、意见式问卷。因为如果在间隔期间发生重大事件，可能导致受访者的态度和偏好发生突变。如董雪旺（2011）对九寨沟游憩价值的第一次调查实施于2008年5月上旬（汶川大地震之前）；时隔1年之后，于2009年5月上旬进行第二次调查，旨在探讨汶川大地震对游客的支付意愿是否有影响以及影响程度多大。结果表明，两次调查的各项指标都相当接近，这说明该研究的调查结果具有较好的再测信度，也说明并非所有的突发事件都会对游客的支付意愿造成大的影响，再测信度检验在一定条件下也适用于态度、意见式问卷。

（3）调查对象。理论上，再测信度需要对完全相同的一组样本进行调查，但这种做法在游客调查中很难实现。由于游客的高度流动性，调查者很难在不同的时间点找到两个相同的总体，这对于重游率极低的观光型目的地来说尤其如此。因此，Carson等（2001）认为，CVM调查中的再测信度检验，可以在不同的时间点，用相同的抽样方式，从相同（居民）或相似（游客）的总体中抽取两组样本并比较其支付意愿。从方法论上来看，这相当于放松了原先更为苛刻的前提条件，因而是可行的。而且，这样做还有效避免了记忆效应的影响，从而回避了时间间隔难以确定的问题（董雪旺，2011）。

第6章　调查方案设计
——以福州国家森林公园为例

根据前面的分析可知，调查方案设计是影响WTP均值估计偏差的一个重要方面。本部分以2015—2016年对福州国家森林公园游憩价值评估的调查过程为例，实证说明如何通过合理的问卷设计，降低偏差。

6.1　福州国家森林公园介绍

6.1.1　公园概况

福州国家森林公园是全国十大森林公园之一，福建省著名4A级旅游景区。其前身为树木园，创建于1960年。1988年由原国家林业部批准更名为“福州森林公园”，1993年晋升为“福州国家森林公园”。公园位于福州北郊（E119°16′，N26°07′），地处亚热带北缘，属亚热带季风气候，气候温和，雨量充沛，年平均相对湿度79％，平均气温20℃。距市区7 km，为典型的城郊型森林公园。公园规划面积41 814.5 hm^2，向游客开放面积为859.33 hm^2。园内分为森林区、苗圃、温室、专类园、休息区5个部分，建有森林博物馆、鸟语林、旱地雪橇、水上世界、野炊烧烤等旅游项目。2008年公园免费对公众开放，游客主要以福州市民为主。2015年公园性质转为事业单位，运营管理经费全部由财政支付。

目前，福州国家森林公园已成为普及生态文化，宣传森林知识，集国民休闲、娱乐、健身、教育于一体的综合型户外娱乐场所。

6.1.2 公园建设情况

根据福州国家森林公园2016年的数据，该公园人力资源相当富余，2016年全部员工121人，其中导游9人。设施建设较为完善，游步道、床位、餐位、车船等配备充足（见表6-1）。

表6-1 福州国家森林公园设施情况

车船总数/台（艘）	游步道总数/km	床位总数/张	餐位总数/个
12	47.38	80	160

投入资金全部来自国家财政，其中三分之一的资金用于环境建设（见图6-1）。

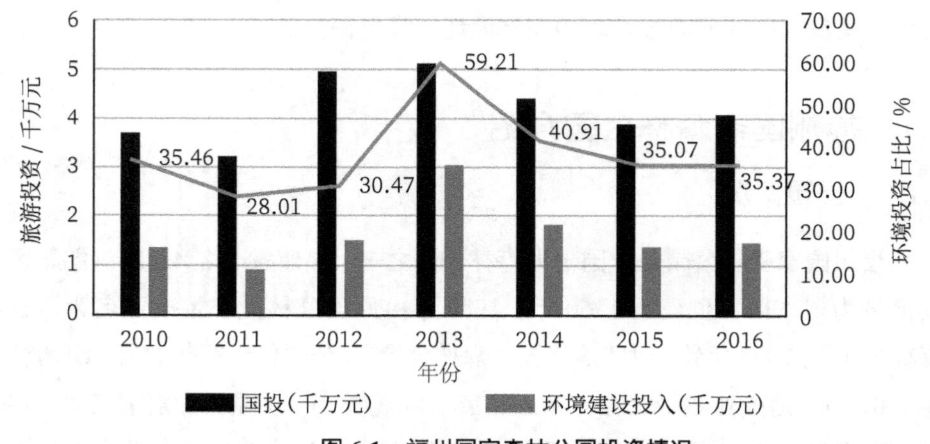

图6-1 福州国家森林公园投资情况

福州国家森林公园自2008年实行免费向公众开放以来，游客接待量平稳增长，2016年游客人数接近500万人次，接待量稳居全国森林公园前10位（见图6-2）。海外游客数量较少，2014年以来虽有大的增长，达到8.9万人次，但在所有游客中的占比只有1.98%，总量和占比一直偏低。2015年开始接待海外游客数量有所下降，2016年只有8.19万人次，占游客总人数的比例回落到1.71%（见图6-3）。

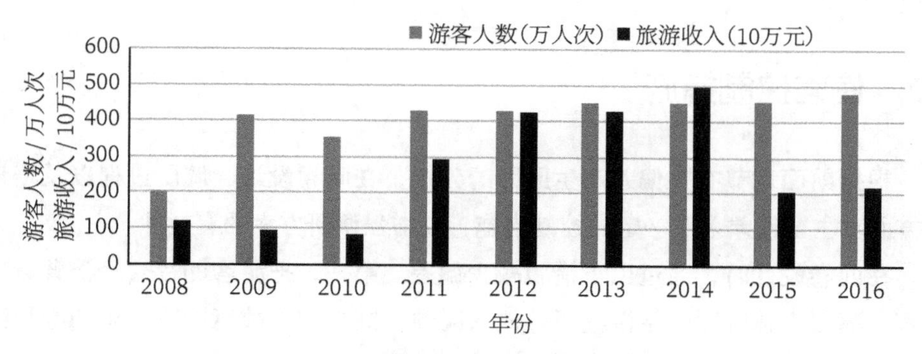

图 6-2　福州国家森林公园游客接待情况

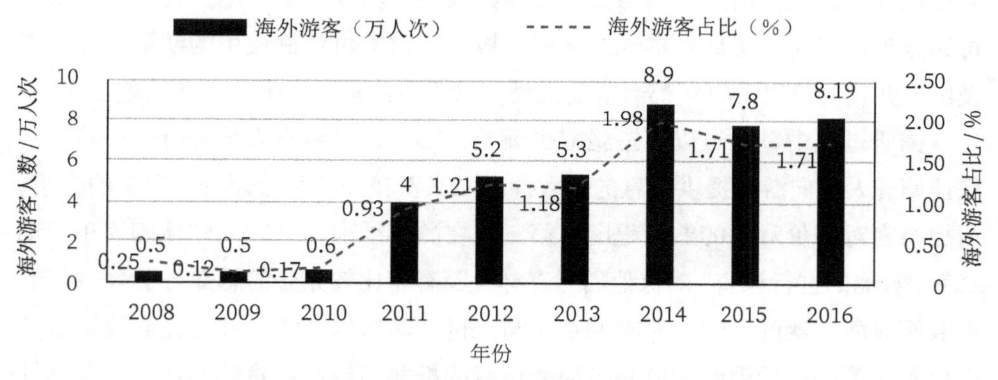

图 6-3　福州国家森林公园海外游客接待情况

6.1.3 福州国家森林公园作为研究对象的合理性

福州国家森林公园作为我国著名的国家级森林公园、福建省著名 4A 级旅游景区，在森林旅游资源、森林旅游产品和旅游市场等方面具有广泛的代表性。以福州国家森林公园为案例研究 CVM 应用的可行性，有利于向全国其他同类型森林公园的推广。福州国家森林公园经过几十年的发展历程，旅游市场结构和旅游资源价值相对稳定，同时由于福州国家森林公园的非使用价值相对较小，嵌入性偏差较小。另外，福州国家森林公园位于福州市，与福建农林大学距离只有 15 km，市场调查相对便利，能够节约研究成本。因此，以福州国家森林公园作为研究对象具有合理性、可行性和代表性。

6.2 偏差控制措施

根据前面章节有关偏差产生原因的分析，在问卷设计、调研过程以及培训等方面对主要偏差采取一定的控制措施，以增强调研方案的有效性。

在问卷设计时，通过以下措施减少偏差。第一，把游客的社会经济背景、游客对福州森林公园的旅游经历等放入问卷，减少游客故意隐瞒、歪曲等导致的策略性偏差；第二，通过预调查确定合理的投标起始点和间隔区间，以降低起点偏差；第三，增加不愿意支付的原因选项，用以识别拒绝支付中的抗议支付和非抗议支付，降低样本选择偏差；第四，对支付金额使用的期限进行清晰设定，并且明确以后每年都会重复支付，以避免信息不清晰造成的偏差。

调研过程中，通过以下措施减少偏差。第一，对调查人员进行统一培训，保证调查人员向游客提供信息的一致性。第二，对福州森林公园进行简单的介绍，增加游客对评价对象的熟悉程度；第三，在游客结束在公园内的休闲娱乐活动之后，对他们进行调查，确保他们对森林公园有着比较充分的感知与了解；第四，采取面对面访谈的形式，要求调查员与之进行简短的交流，并且提醒受访者其受到收入等条件的限制，以减少因受访者的抵触情绪或有意隐瞒导致的策略性偏差；第五，为了防止出现支付意愿不受收入约束的问题，在调研对象上只选择 18 岁以上的成年人。

具体的偏差控制及有效性改进措施，如表 6-2 所示。

表 6-2 调研方案偏差控制及有效性改进措施

偏差来源	偏差类型	偏差特点	解决措施
研究方法	假想偏差	受访者难以对假想市场做出如同在真实市场的反应	强调支付对增进自身福利的重要性，并提醒注意其家庭收入以及其他可能支出的约束
	信息偏差	评估对象的概况、相关替代品、其他人的支付意愿等信息不足，受访者难以对 WTP 正确地表达	在游客当天旅游即将结束时调查，调查之前向游客介绍福州森林公园情况，增加游客对评价对象的熟悉程度
	策略性	受访者存在警惕心理，故意隐瞒自身社会经济信息并说高或说低自己的 WTP 值	强调匿名调查，调查结果仅用于学术研究；在数据分析时，剔除异常 WTP 值（超过收入的投标）；增加游客的个人信息及森林公园旅游（访问）经历等内生性信息以提高 CVM 评估结果的有效性

续表

偏差来源	偏差类型	偏差特点	解决措施
问卷内容	投标起点、间隔区间	CVM 问卷中最低投标起点、最高投标起点以及投标值间距等会对受访者产生明显的影响	通过预调查基本确定受访者 WTP 的分布范围，而且在给定的支付价格区间外，增加“其他金额”栏目
	嵌入性	对某种物品或服务作为一种更具包容性的物品或服务的一部分的 WTP 比对其本身独立估值时的 WTP 较低的现象	选择价值构成简单的福州国家森林公园进行价值评估
实施过程	调查时停留时间长度	调查中停留时间较长，使回答者感到不方便和产生厌烦感觉而对调查结果产生的影响	问卷设计简明、易懂；方法容易理解；并且要求调查员在受访者同意的前提下做调查访问，减少停留时间长度偏差
	调查者	在多名调查员参加的面对面调查中，不同调查员对估值结果产生的可能影响	针对调查中可能遇到的问题，对调查员进行了专业培训，保证回答问题的统一性
	调查方式	邮寄信函、电话、面对面采访等不同调查方式对结果的影响	采用回收率最高的面访法

6.3 问卷设计

调研内容共分为四个部分。第一部分为游客对森林公园的感知与游历情况；第二部分为游客的旅行费用问题，主要用于 CVM 估值与 TCM 估值的比较，检验收敛效度；第三部分为支付意愿的引导；第四部分是游客的经济社会特征。

游客的感知与经历部分包括游客对福州国家森林公园的满意度、来福州国家森林公园的次数和再次来福州国家森林公园的意愿等。指标的具体设计如表 6-3 所示。

表 6-3　旅游经历指标设计

序号	变量名称	变量设置
1	您对本次福州国家森林公园旅行的满意程度	A. 非常满意；B. 满意；C. 一般；D. 不满意；E. 非常不满意
2	近两年，来福州国家森林公园旅游的次数	A. 5 次以上；B.4 次；C.3 次；D.2 次；E.1 次
3	您是否愿意向他人推荐福州国家森林公园	A. 非常愿意；B. 愿意；C. 无所谓；D. 不愿意；E. 非常不愿意
4	您预计多长时间内还会来福州国家森林公园	A. 1 个月之内；B．6 个月之内；　C. 1 年之内　D．不确定；　E．永远不会再来

旅行费用的调查主要对游客的交通费用、住宿费用、时间成本、景区内消费支出等情况进行调查，指标的设计需要根据评估对象情况以及客源市场的情况确定。针对福州国家森林公园，游客主要以市内或省内为主，在公园内的停留时间相对较短，指标的具体设计如表 6-4 所示。

表 6-4　旅行费用测算指标设计

变量名称	变量设置
交通费用	A.5 元以下；B.6 ～ 10 元；C.11 ～ 50 元；D.51 ～ 200 元；E.201 ～ 500 元；F.501 ～ 2000 元；G.2000 元以上
景区消费	A.50 元以下；B.51 ～ 100 元；C.101 ～ 150 元；D.151 ～ 250 元；E.251 ～ 400 元；F.401 元以上
住宿费用	A.100 元以下；B.101 ～ 150 元；C.151 ～ 200 元；D.201 ～ 250 元；E.250 ～ 300 元；F.300 元以上
交通时间	A.1 小时以内；B.1 ～ 2 小时；C.2 ～ 3 小时；D.3 ～ 4 小时；E.4 ～ 5 小时；F.5 ～ 6 小时；G.6 ～ 12 小时；H.12 ～ 18 小时；I.18 ～ 24 小时
停留时间	A. 半天；B. 一天；C 一天半；D 两天；E 两天以上

游客社会经济特征主要从有可能影响游客支付意愿的方面选择。一般认为，收入越高的游客，支付意愿也相对较高，这与经济学理论是一致的，收入对支付意愿的影响应该是正向的。教育水平与支付意愿也是正向相关的，因为受教育水平越高，环境意识越强，愿意拿出资金用于森林公园保护的意愿越强。性别、年龄、职业、家庭人口、居住地、来源地对支付意愿是否有影响，影响方向是什么还不能确定。多数研究从九个方面选择社会经济特征，包括游客的性别、年龄、教育程度、职业、职称、家庭人口、收入、居住地、来源地等，本书具体指标设计如表 6-5 所示。

表 6-5　WTP 与游客社会经济变量设计与说明

序号	变量名称	变量设置类型
1	性别	A. 男　B. 女
2	年龄	A.20 岁以下；B.21 ～ 40 岁；C.41 ～ 60 岁；D.61 岁以上
3	文化程度	A. 初中以下；B. 高中与中专；C. 大专或本科；D. 研究生
4	职业	A. 行政事业单位人员；B. 企业单位人员；C. 自由职业者；D. 退休人员；F. 学生及其他

续表

序号	变量名称	变量设置类型
5	职称	A. 高级；B. 中级；C. 初级；D. 无职称
6	家庭人数	A.1 ～ 2 人；B.3 ～ 4 人；C.5 人及以上
7	个人月收入	A.2 000 元以下；B. 2 001 ～ 4 000 元；C. 4 001 ～ 6 000 元；D. 6 001 ～ 8 000 元；E. 8 001 ～ 10 000 元；F.10 000 元以上
8	居住地	A. 市区；B. 市郊；C. 农村
9	来源地	A. 福州市；B. 福建省内；C. 其他省份

支付意愿的引导是问卷设计中最难也是最重要的一部分内容。根据引导技术的不同，支付意愿的引导性问题也不同。

本研究分别用支付卡式和二分式两种方法进行问卷设计与调查。

对于支付卡式问卷，重要的是确定支付卡的最小值、最大值和间距。福州国家森林公园在 2008 年以前门票为 15 元，2008 年以后免费对公众开放。根据福州国家森林公园的前期门票情况以及对游客的预调查，游客年支付意愿的最小值确定为 1 元，最大值确定为 1000 元。支付意愿间隔随支付额逐渐增加，1—20 元区间间隔为 1 元，20—50 元区间间隔为 5 元，50—100 元区间间隔为 10 元，100—200 元区间间隔为 20 元，200—400 元区间间隔为 50 元，400—1 000 元区间间隔为 100 元（如表 6-6 所示）。具体对游客的引导问题为：

福州国家森林公园运行的维护费用需要大家共同承担，如果让您每年自愿支付一定的维护费用，您是否愿意（请勾选最愿意支付的金额）？（单位：元）

A. 愿意　　B. 不愿意

表 6-6　最大支付意愿表

1	2	3	4	5	6	7	8	9	10
11	12	13	14	15	16	17	18	19	20
25	30	35	40	45	50	60	70	80	100
120	140	160	200	250	300	350	400	500	600
700	800	900	1 000	其他					

对于二分式问卷，采用双边界引导技术，重要的是确定初始投标值与二次投标值的间距。二次投标值，将较高投标值确定为初始投标值的 2 倍，较低投标值确定为初始投标值的二分之一。共设计六套支付方案（如表 6-7 所示）。

表 6-7 双边界二分式 CVM 的投标值设置方案

支付方案	初始投标值 / 元	较高投标值 / 元	较低投标值 / 元
1	10	20	5
2	20	40	10
3	30	60	15
4	40	80	20
5	50	100	25
6	60	120	30

以支付方案 1 为例，引导问题具体如下（见图 6-4）：

第一题，福州国家森林公园运行的维护费用需要大家共同承担，如果让您每年自愿支付一定的维护费用，您是否愿意？（ ）

A. 愿意　　B. 不愿意

第二题，如果您愿意，您是否愿意支付 10 元？（ ）

A. 愿意　　B. 不愿意

第三题（3A），如果您愿意支付 10 元，您是否愿意支付 20 元？（ ）

A. 愿意　　B. 不愿意

第三题（3B），如果您不愿意支付 10 元，您是否愿意支付 5 元？（ ）

A. 愿意　　B. 不愿意

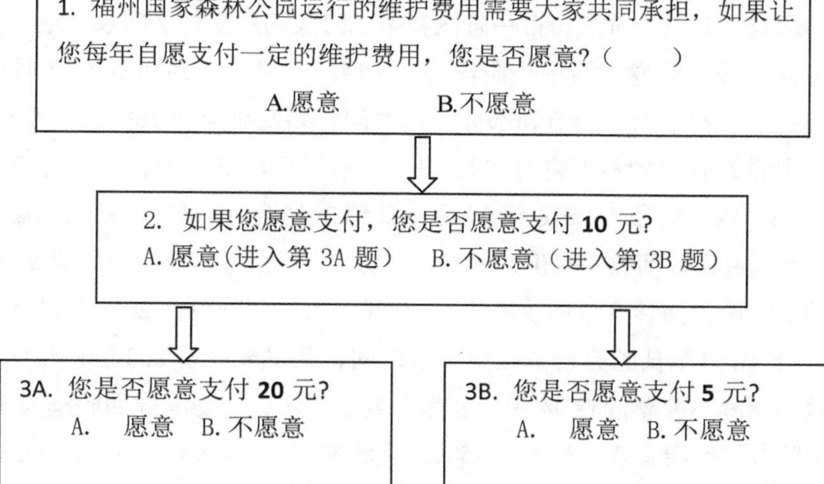

1	2	3	4	5	6	7	8	9	10
11	12	13	14	15	16	17	18	19	20
25	30	35	40	45	50	60	70	80	100
120	140	160	200	250	300	350	400	500	600
700	800	900	1 000	1 500	2 000	3 000	4 000	5 000	

图 6-4 双边界二分式引导技术核心问题

6.4 调查实施

对福州国家森林公园的调查选择在国庆节黄金周、五一黄金周和周末时间，调查共持续三年时间，从 2015 年 10 月 1 日至 2017 年 10 月 7 日，由调查人员到福州国家森林公园各个景区，采取方便随机抽样法，对游客面对面调查。具体时间选择在下午的 1 点到 5 点，目的是让游客游玩之后，对森林公园有充分的了解。调查人员由旅游管理专业本科生和研究生组成，调查前由指导老师进行统一的培训。在调查时，调查员与游客进行沟通，对于没有游完全部景点的游客，或者对森林公园认识不全面的游客，调查员对其进行详细介绍，保证每一位被调查者在填写问卷时对森林公园的游憩娱乐功能有全面的了解，规避信息偏差。

调查共分三个阶段，第一阶段和第二阶段利用支付卡问卷，第三阶段利用双边界二分式问卷。第一个阶段为2015年10月1日到2016年1月底，主要分布在十一黄金周、春节和部分周末时间。共发放问卷300份，回收问卷262份，剔除无效问卷和不完整问卷17份，有效问卷245份，问卷有效回收率为81.67%。第二阶段为2016年10月1日到2016年12月1日期间的国庆节和周末时间，共发放问卷180份，回收158份，无效问卷和不完整问卷18份，有效问卷140份，问卷有效回收率为77.78%。第三个阶段为2017年的5月1日到2017年10月7日的劳动节和国庆节时间，共发放问卷800份，收回758份，无效问卷和不完整问卷44份，有效问卷714份，问卷有效回收率为89.25%。三个阶段的问卷有效率都大于75%，满足NOAA（1993）对问卷的要求。

第 7 章　支付卡引导技术下平均支付意愿的非参数估计与检验

本章利用支付卡引导技术下第一阶段的调查样本，利用非参数方法对平均支付意愿进行估计，同时通过与 TCM 估值的比较，检验收敛效度；通过对拒绝支付原因与相应问卷的一致性分析，检验内容效度。

7.1　样本的描述性统计

7.1.1　人口统计特征

对福州国家森林公园的第一阶段问卷调查时间为 2015 年 10 月 1 日到 2016 年 1 月底，主要分布在十一黄金周、春节和部分周末时间。共发放问卷 300 份，回收问卷 262 份，剔除无效问卷和不完整问卷 17 份，有效问卷 245 份，问卷有效回收率为 81.67%。本章利用第一阶段收集的数据进行非参数平均支付意愿估算，并进行收敛效度和理论效度检验。通过对有效调查问卷的整理、归纳，得到样本的基本特征构成如表 7-1 所示。

表 7-1　样本人口统计特征

变量名称	变量构成	频数 / 人	频率 / %	小计 / （人 / %）
性别	男	131	53.47	245/100
	女	114	46.53	
年龄	20 岁以下	52	21.22	245/100
	21 ～ 40 岁	136	55.51	
	41 ～ 60 岁	40	16.33	
	61 岁以上	17	6.94	

续表

变量名称	变量构成	频数 / 人	频率 / %	小计 /（人 / %）
家庭人口	1 ～ 2 人	9	3.67	245/100
	3 ～ 4 人	162	66.12	
	5 ～ 6 人	62	25.31	
	5 人及以上	12	4.9	
教育背景	初中以下	27	11.02	245/100
	高中与中专	52	21.22	
	大专或本科	150	61.22	
	研究生	16	6.53	
职业	政府及事业单位	24	9.80	245/100
	企业单位	52	21.22	
	学生	50	20.41	
	自由职业者	15	6.12	
	退休人员	78	31.84	
	其他	26	10.61	
职称	高级	21	8.57	245/100
	中级	46	18.78	
	低级	26	10.61	
	无职称	152	62.04	
月收入	2 000 元以下	87	35.51	245/100
	2 001 ～ 4 000 元	64	26.12	
	4 001 ～ 6 000 元	52	21.22	
	6 001 ～ 8 000 元	25	10.20	
	8 001 ～ 10 000 元	8	3.27	
	10 000 元以上	8	3.27	
来源地	福州市	101	41.22	245/100
	福建省其他地区	86	35.10	
	福建省以外	58	23.67	
居住地	市区	137	55.92	245/100
	市郊	75	30.61	
	农村	33	13.47	

男性占比为53.47%，女性占比为46.53%，男性人数相对女性人数来说较多，但男女比例相差不大。年龄层次主要以21～40岁的青壮年为主，占游客总人数的55.51%，20岁以下和41～60岁的游客人数相当，61岁以上的游客较少。家庭规模以三口、四口之家为主，占比为66.12%，这是因为现在家庭出游的情况非常普遍，尤其是在节假日，一家人通过旅游共享天伦之乐成为家庭出游的主要目的。受教育层次大多数为大专和本科，占到调查人数的61.22%，其次是高中或中专毕业，占到21.22%。来源地主要以福建省内居民为主，占游客总人数的78.32%，并且以城市人口居多，其他省份的游客较少。其他省份的游客往往带有多重旅游目的地或旅行目的；旅游受到出行成本的影响，受到旅游半径的规律的制约，出发地距离旅游目的地越远，游客到达福州国家森林公园的人越少。从职业来看，以学生、企业人员、退休人员较多，三者合计占比为73.77%，其中退休人员占总样本三分之一左右。从月收入情况来看，福州国家森林公园旅游者的收入主要在6 000元以下，占到总数的82.86%，而8 001元以上的高收入人数比例为6.54%，说明福州国家森林公园的旅游者大多处于中低等的收入水平。一定的可支配收入是促使旅游活动发生的先决条件，从福州国家森林公园的收入情况可以看出，中低收入游客是福州国家森林公园的主要客源。

7.1.2　游客出游行为特征

出游行为是指旅游者对旅游目的地、旅游季节、旅游目的和旅游方式的选择特征，以及与之紧密相关的旅游意识、旅游效应和旅游需求特征。根据研究需要及问卷的指标设计，下面主要从游客满意度、游览次数（熟悉程度）、支付意愿三个方面对游客出游特征进行分析。

（1）游客满意度。用“非常满意”“比较满意”“一般”“不太满意”和“不满意”五个维度对游客景区满意度进行调查，结果见图7-1。

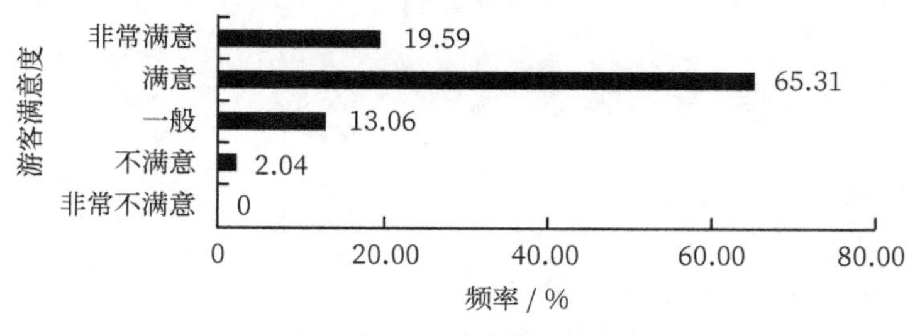

图7-1　游客满意度

总体来看，游客对于在福州国家森林公园中的满意感知度较高，满意率为 84.9%，其中非常满意占样本总数的 19.59%；不满意的人数有 5 人，不满意率仅为 2.04%。在影响满意度的因素中，不满意和非常不满意的受访者选择较多的是卫生条件、娱乐设施和服务质量[①]。因此，景区可以通过改善卫生环境、增加娱乐设施以及提升森林公园的服务质量来提高游客整体的满意度。

（2）游客对评估物品的熟悉程度（游览次数）。游客对评估物品的熟悉程度会影响 CVM 的估值结果，但游客对熟悉程度的评价主观性较强，本书以游览次数衡量游客对森林公园的熟悉程度，结果见图 7-2。

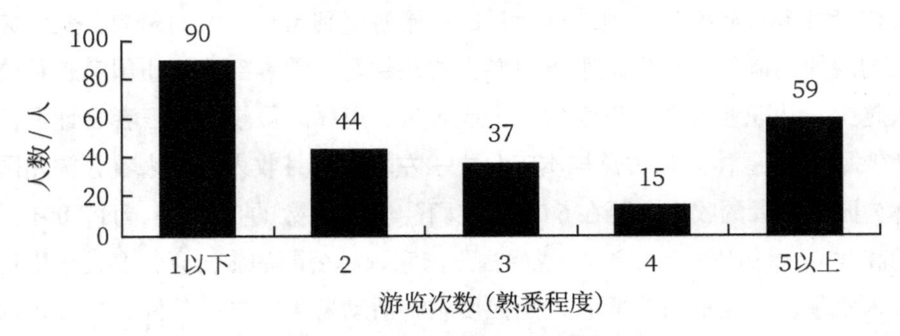

图 7-2 游客游览次数（熟悉程度）

从游览次数上来看，游客到国家森林公园的平均游览次数为 2.63 次。游历 1 次以下与 5 次以上的游客人数最多，占样本总数的 60.82%。游览福州国家森林公园 1 次以下的游客有 90 人，占比为 36.73%，这部分游客主要来自省外以及福建省距离福州国家森林公园较远的市县。而游览福州国家森林公园 5 次以上的游客主要为福州市内的游客。

（3）游客的支付意愿。通过 CVM 引导出游客的支付意愿是本书最重要的目的，也是测算福州国家森林公园游憩价值的前提条件。结果如图 7-3 所示。

① 鉴于研究目的，此部分未做展开说明；具体测量方式可见附录 I。

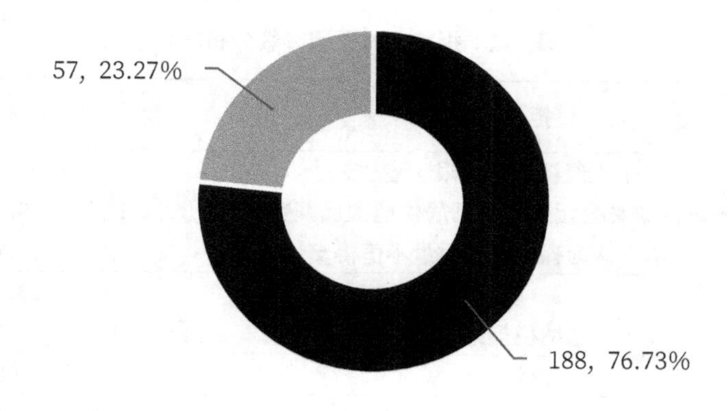

图 7-3 游客的支付意愿

从支付意愿来看，188 位游客愿意对森林公园环境质量的改善进行支付，占游客总数的 76.73%。拒绝支付的游客有 57 位，占总游客数的比率为 23.27%，拒绝率相对较高。正如在发展中国家所做的研究显示，由于资金流向不明以及公众对政府的不信任导致抗议支付率普遍较高（董雪旺，2011），也可能是受访者对 CVM 的实施过程不熟悉或对于自愿捐助方式不习惯造成的。

7.1.3 拒绝支付分析

从游客拒绝支付的原因看（如表 7-2 所示）：由于“支付能力有限”不愿意支付的游客有 16 位，占拒绝支付总人数的 28.07%；认为“应由政府支付”的游客有 19 位，占比 33.33%；认为“已经纳税”，拒绝支付的游客有 5 位，占比为 8.77%；因为“距离太远受益较小”不愿意支付的游客有 11 位，占比为 19.30%；而认为森林公园“质量不值得支付”的游客仅有 6 位，占比 10.53%。57 位不愿意支付的游客中：认为“应由政府支付”“已经纳税拒绝支付”两种情况的共 24 位属于明显的抗议性支付，抗议支付率为 42.10%；而认为“收入有限”“距离较远”“质量不值”三种情况共 33 位可归属于零支付。

表 7-2 拒绝支付原因频数分布表

拒绝支付类型	拒绝支付原因	频数 / 人	频率 /%	合计 /%
非抗议支付	个人经济能力有限，无力支付	16	28.07	57.89
	福州国家森林公园距离自己居住地太远，受益较小	11	19.30	
	本人认为森林公园质量不值得支付	6	10.53	
抗议支付	政府支付	19	33.33	42.11
	已纳税拒绝再次支付	5	8.77	
	总计	57	100	100

7.2 平均支付意愿的非参数估算

在考察数据分布的情况下，以 WTP 中值作为参考，运用非参数方法对福州国家森林公园的平均支付意愿 E(WTP) 进行估算。

首先，利用 Excel 考察游客最大支付意愿的数据分布形态，如图 7-4 所示。从图 7-4 可以看出，WTP 值呈明显的偏态分布。其次，分别执行 Stata 数据正态分布检验命令（sktest、swilk、sfrancia），结果 P 值均小于 0.001，表示强烈拒绝 WTP 成正态分布的假设。由于存在大量的零支付样本，造成 WTP 值呈明显的右偏 [（这一分布特征与较多学者的实证研究相一致（Dhakal et al.，2012；王丽 等，2015；王尔大 等，2015）]，中位数不具有良好的代表性，所以，不能以中位数来代表 WTP 的期望值来估计总体的游憩价值。在此，把中位数作为评估游憩价值参考。

经计算，Media（WTP）=20（元）。

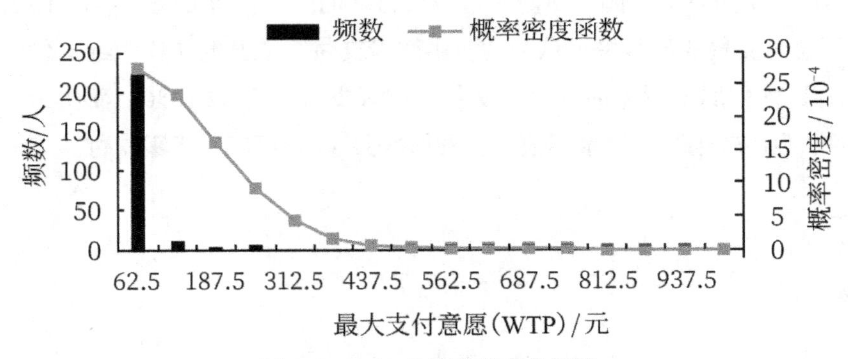

图 7-4 WTP 的正态分布曲线图

从投标值来看，拒绝支付的问卷数量有57份，其中非抗议性支付33人。1 000元以上的有2份，说明绝大多数游客在填写问卷时是理智的（无效问卷已经剔除），符合“经济人”的基本假设（查爱苹 等，2016）；支付金额主要集中在0、5、10、20、50、100几个投标值上，符合投标值分布特点。245份问卷中剔除不合理问卷2份、抗议性支付问卷24份，得到有效问卷219份。非抗议性拒绝支付的问卷视为0支付意愿，支付意愿分布如表7-3所示。

表7-3 支付意愿值分布

投标值（b）/元	愿意支付人数/人	愿意支付人数占比（P）/%	累计占比/%
0	33	15.07	15.07
1	4	1.37	16.44
2	9	4.11	20.55
3	5	2.28	22.83
5	21	9.59	32.42
8	1	0.46	32.88
9	3	1.37	34.25
10	34	15.53	49.77
12	1	0.46	50.23
15	10	4.57	54.79
16	1	0.46	55.25
20	37	16.89	72.15
25	6	2.74	74.89
30	8	3.65	78.54
40	3	1.37	79.91
50	15	6.85	86.76
60	1	0.46	87.21
70	1	0.46	87.67
80	2	0.91	88.58
100	15	6.85	95.43
120	2	0.91	96.35
160	2	0.91	97.26
200	2	0.91	98.17
300	1	0.46	98.63
500	1	0.91	99.54
800	1	0.46	100.00
合计	219	100.00	

利用第 5 章所介绍的非参数 WTP 均值计算的三种方法计算 WTP 的均值，800 元的上界投标值为 900 元，设 b_{M+1}=900，P_{M+1}=0，具体计算如下：

①下边界求解方法：

$$E(\mathrm{WTP})_{\mathrm{L}}=\sum_{j=1}^{219}b_jP_j=34.45 \tag{7-1}$$

②中值求解方法：

$$E(\mathrm{WTP})_{\mathrm{M}}=\sum_{j=1}^{219}(\frac{b_j+b_{j+1}}{2})P_j=39.70 \tag{7-2}$$

③上边界求解方法：

$$E(\mathrm{WTP})_{\mathrm{U}}=\sum_{j=1}^{219}b_{j+1}P_j=44.96 \tag{7-3}$$

因此，按照非参数估计的三种方法，分别得到福州国家森林公园人均游憩价值依次为 34.45 元、39.70 元和 44.96 元。

7.3 基于 TCM 模型的游憩价值评估

7.3.1 TCM 简介

旅行费用法（TCM）作为显示性偏好的非市场价值物品的评估方法，由于其基于客观的游客支付，常常作为检验 CVM 合理性的重要对照。假设游憩资源的收益取决于某种需求函数，采用问卷调查的方式计算游客的旅行费用作为游客对旅游目的地的支付价格，然后建立旅游需求率和旅行费用之间的函数关系，并求出游憩资源的需求曲线，从而得到消费者剩余，最终计算游憩资源的使用价值。TCM 主要有三种基本的模型，分别是区域旅游费用法（zonal travel cost method，ZTCM）、个人旅游成本法（individual travel cost method，ITCM）和旅行费用区间分析法（travel cost interval analysis，TCIA）。旅行费用区间分析法可以解决区域旅游费用法的“来自同一区域游客旅行费用相等”这一具有较强限制性的假设，同时可以解决个人旅行费用法样本选择带来的计算结果有偏差的问题，因此 TCIA 的计算基础更符合现实状况并且具有较高的精度而逐渐运用到旅游资源的评估中（彭文静，2014；俞玥，2012；蔡志坚，2013）。

TCIA 假设每个区间内的游客都具有相同或近似的旅行费用，根据旅行费用高低将问卷调查总样本数为 N 的游客分配在不同区间内。通过计算游客的总旅行费用（STC）和总消费者剩余（SCS），从而得到景区的总价值。

7.3.2　多目的地费用分摊与时间成本的计算

运用旅行费用法计算游客的旅行成本，由于游客一次出游目的地的多样性以及时间成本的存在，造成多目的地旅行费用分摊与时间成本的计算成为 TCM 中难以较为客观处理的两个问题。从现有的研究来看，关于多目的地分摊处理的方法主要有多目的地样本剔除、单目的地对待以及比例分摊法（Lienhoop, 2011）。前两种方法虽然简单实用，但容易导致需求函数出现偏差，并进而影响消费者剩余和目的地游憩价值的估算（Carson，2012a；2012b）。这两种处理方法存在较大的争议，仅在特殊的情况下具有应用的价值，例如评价对象在多个目的地中对游客来说具有最高的吸引和旅游偏好，其他旅游目的地对本次旅游的吸引力较小（Salvador et al., 2016）。而比例分摊法成为比较流行的旅行费用处理方法。常见的比例分摊法以旅游消费、门票、过夜数、旅行时间作为权重（Desvouges，1996；Rerbert，2008；Carson，1996）。有关时间成本的计算，虽然选取的衡量方法具有多样性，但从大多数的学者研究来看均采用 1/3 的工资率来替代（董雪旺，2012；郭剑英，2007；张茵，2004；张红霞，2011）。

时间成本计算基本公式如下：

$$TC_{time} = \frac{1}{3} \times \frac{w}{250 \times 8} \times t \tag{7-4}$$

式中，w 表示年度平均工资，一年工作日用 250 d 计算，每天工作 8 h，时间 t 为出游花费的时间。

但从上述研究来看，在成本分摊以及时间成本的核算上并未考虑到个体的特殊性而进行统一核算，容易造成估计的偏差。本节在考虑个体差异的基础上，按照近似市场调查的方式对旅行费用进行分摊（董雪旺，2011），并选择 1/3 的工资率计算时间成本。根据福州市旅游局公布的数据来看，2015 年十一黄金周福州市重点监测的 4 个景区点共接待游客 177.50 万人次，其中三坊七巷接待游客 84.53 万人次，鼓山接待游客 37.20 万人次，森林公园接待游客 23.00 万人次，青云山接待游客 32.77 万人次[①]。该研究以森林公园游客人数占景点组合接待总

---

① 资料来源：http://lyj.fuzhou.gov.cn/lyjzwgk/lytj/201510/t20151008_964698.htm.

人数的比例来考察游客偏好，设定旅行费用的分摊系数为 23/177.5=12.96%。从调研的结果来看，福州市民出游人数占样本的比例为 42.44%，并且交通费用在 10 元以下的人数占比为 70.9%，大部分人群主要以乘坐公交车甚至走路的方式到达森林公园，即使存在多目的地分摊的问题，交通费用相对较低，可以忽略不计，所以本书仅针对福州市以外的游客进行交通成本的分摊。对于时间成本计算，本书只针对有比较稳定的工作收入、具有专业技能的群体进行时间成本的核算。由于退休人员和学生本身没有稳定的工作收入和较好的专业技能，平时也主要以休闲养老、上学为主，即使不出游也难以获得较高收入报酬或者找到满意的工作，时间成本较低，在此忽略这两类人群的时间成本。最后，由于省外游客仅占样本总数的 22.86%，所以工资率取 2015 年度福建省全省城镇单位在岗职工年平均工资 58 719 元计算时间成本①。

7.3.3 福州国家森林公园游憩价值测算

旅行费用按照 TCIA 方法对样本中的每个游客分别进行计算，其各项旅行费用的基础数据均通过问卷调查获得。计算公式为

$$TC^{ni}=TC^{ni}_{transport}+TC^{ni}_{internal}+TC^{ni}_{accommdation}+TC^{ni}_{time} \quad (7\text{-}5)$$

式中，TC^{ni} 表示第 n 个小区中第 i 个游客到福州国家森林公园旅行的总费用，$TC^{ni}_{transport}$ 为第 n 个小区中第 i 个游客往返于出发地到福州国家森林公园的交通费用（分摊后的费用），$TC^{ni}_{internal}$ 表示第 n 个小区中第 i 个游客在福州国家森林公园内花费的全部费用，包括食物、购物、娱乐等花费支出，$TC^{ni}_{accommdation}$ 表示第 n 个小区中第 i 个游客的住宿费用，TC^{ni}_{time} 表示第 n 个小区中第 i 个游客的时间成本。旅行费用分区如表 7-4 所示。

表 7-4 旅行费用分区表

旅行费用区间（TC）/ 元	频数（N）/ 人	意愿旅游需求（Q）/ 人
1 300 以上	1	1
1 100 ～ 1 300	1	2
900 ～ 1 100	1	3
700 ～ 900	1	4

① 资料来源：摘自《福建省人力资源和社会保障厅办公室关于 2015 年度全省城镇单位在岗职工年平均工资有关事项的通知》（闽人社办〔2016〕129 号）。

续表

旅行费用区间（TC）/ 元	频数（N）/ 人	意愿旅游需求（Q）/ 人
600 ～ 700	5	9
550 ～ 600	2	11
500 ～ 550	3	14
450 ～ 500	7	21
400 ～ 450	4	25
370 ～ 400	5	30
340 ～ 370	5	35
310 ～ 340	14	49
280 ～ 310	8	57
250 ～ 280	8	65
220 ～ 250	8	73
190 ～ 220	24	97
160 ～ 190	23	120
130 ～ 160	33	153
100 ～ 130	54	207
70 ～ 100	8	215
40 ～ 70	29	244
20 ～ 40	1	245
0 ～ 20	0	245
合计	245	

下面求消费者剩余。建立旅行费用与意愿出游率（意愿旅游需求）之间的函数关系。首先，取区间旅行费用的中值，作出旅行费用和意愿旅游需求的散点图（见图 7-5），可以看出，旅行费用越高，意愿旅游需求率越小，符合一般旅游需求规律；然后，根据散点图判断选用函数形式。

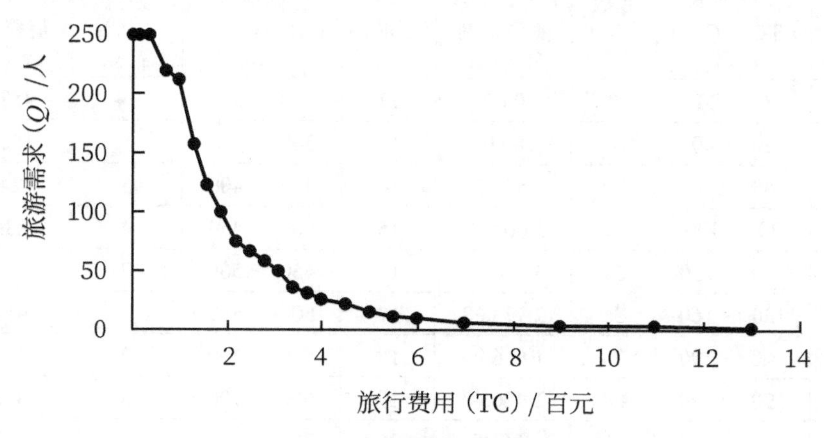

图 7-5　旅游需求曲线散点图

旅游需求曲线散点图显示旅游需求曲线并非简单的线性结构，而更类似指数函数或者双曲线（如图 7-5 所示）；通过对以下五种模型的尝试（见表 7-5），选择拟合优度值最大的混合函数模型进行消费者剩余的估算。

表 7-5 旅行费用与意愿旅游需求函数模型汇总

方程	线性（Q）	对数（ln$Q$）	双曲线（Q）	指数（ln$Q$）	混合（ln$Q$）
TC	−0.186 1***			−0.004 470 4***	−0.002 7***
lnTC		−1.215 0 ***			−0.827 2***
1/TC			2 707.98***		−21.752 3 ***
cons	161.598 5***	10.303 5***	57.455 6***	5.420 759	9.505 6***
F	28.42	69.08	14.56	556.24	486.36
R^2	0.554 8	0.766 9	0.409 4	0.963 6	0.987 1

注：* 表示在 10% 水平显著；** 表示在 5% 水平显著；*** 表示在 1% 水平显著。

通过筛选，求得旅游需求曲线函数形式为

$$\ln(Q) = 9.5056 - 0.0027 \times \mathrm{TC} - 0.8272\ln\mathrm{TC} - 21.7523(1/\mathrm{TC})$$

根据 TCIA 工作原理，通过积分得到每个区间的消费者剩余，如表 7-6 所示：

$$\mathrm{CS}_i = \int_{(\mathrm{TC}_i+\mathrm{TC}_{i+1})/2}^{1300} \exp(9.5056 - 0.0027 \times \mathrm{TC} - 0.8272\ln\mathrm{TC} - 21.7523(1/\mathrm{TC}))\,\mathrm{d}(\mathrm{TC})$$

然后，利用公式 $\mathrm{TCS}_i = N_i \times \mathrm{CS}_i$ 求出每个区间的消费者总剩余，如表 7-6 所示：

表 7-6 各旅行费用区间消费者剩余

区间（i）	区间成本（TC_i–TC_{i+1}）/元	频数（N_i）/人	CS_i（区间消费总剩余）/元	区间（i）	区间成本（TC_i–TC_{i+1}）/元	频数（N_i）/人	CS_i（区间消费总剩余）/元
1	0 ~ 20	0	0.00	12	310 ~ 340	14	457.00
2	20 ~ 40	1	189.01	13	340 ~ 370	5	142.27
3	40 ~ 70	29	4 554.75	14	370 ~ 400	5	124.44
4	70 ~ 100	8	1 003.21	15	400 ~ 450	4	83.65
5	100 ~ 130	54	5 498.93	16	450 ~ 500	7	118.44
6	130 ~ 160	33	2 773.68	17	500 ~ 550	3	41.26
7	160 ~ 190	23	1 616.99	18	550 ~ 600	2	22.43
8	190 ~ 220	24	1 426.48	19	600 ~ 700	5	41.40
9	220 ~ 250	8	405.48	20	700 ~ 900	1	4.48

续表

区间(i)	区间成本（TC_i–TC_{i+1}）/元	频数（N_i）/人	CS_i（区间消费总剩余）/元	区间(i)	区间成本（TC_i–TC_{i+1}）/元	频数（N_i）/人	CS_i（区间消费总剩余）/元
10	250 ～ 280	8	348.23	21	900 ～ 1100	1	1.78
11	280 ～ 310	8	300.83	22	1 100 ～ 1 300	1	0.42
				23	1 300 以上	1	0.00
	总计	-	-			245	19 155.17

游客样本集合的总消费者剩余为 $TCS=\sum_{i=1}^{23}CS_i$=19 155.17 元，经计算总旅行费用之和为 STC=52 914.04 元。

游客平均游憩价值为

(SCS+STC)/SN=（19 155.17+52 914.04）/245=294.16（元）

7.4 效度检验

7.4.1 收敛效度检验

以福州国家森林公园为研究对象，检验 CVM 评估森林景区的游憩价值的收敛效度。分别以 TCIA 与 CVM 两种方法对福州国家森林公园的游憩价值进行估计，结果显示：TCM 计算的人均游憩价值为 294.16 元，而 CVM 计算的人均游憩价值按照三种计算方法分别为 34.45 元、39.70 元和 44.96 元；TCM 对福州国家森林公园游憩价值的估计结果依次是 CVM 的 8.54 倍、7.41 倍和 6.54 倍，表明 CVM 的收敛效度较差。然而，从中国 CVM 收敛效度研究的几个案例来看，TCM 均在 CVM 估值结果的 8 倍以上，有的研究甚至高达 79 倍之多；与几个大型风景区所做的案例研究相较而言，CVM 在福州国家森林公园的收敛效度与其他景区的研究结果相似，具有低估旅游资源的价值的倾向，如表 7-7 所示。

表 7-7　CVM 与 TCM 计算结果的收敛检验

研究对象	研究者（时间）	收敛检验（TCM/CVM）
武陵源	刘亚萍（2006）	8.75 ～ 9.21
九寨沟	董雪旺（2011）	14.08
杭州西湖	查爱苹（2013）	79.277
福州国家森林公园	本研究（2016）	下边界法：10.15 中位值法：9.22 上边界法：8.45

正如 Carson 所说，在收敛有效性检验中，任何一个方法都有各自的弊端，其结果都不能代表绝对的真实价值（Carson，1996）；虽然与 TCM 相比，CVM 在评价福州国家森林公园的游憩价值中具有低估景区资源价值的倾向，在方法研究上还需要不断地探索与完善，但 CVM 作为评估旅游资源游憩价值的可行方法，已经得到学术界的普遍认可与应用（董雪旺，2012）。森林公园仅仅作为森林景区的一个个案，还需要进一步对其他类型的森林景区进行 CVM 的收敛效度检验，以便为 CVM 在森林景区中的应用与推广积累更多的案例，并且为构建适合广大发展中国家的森林景区游憩价值的 CVM 评估实施规范提供参考经验，这也是下一步进行该领域研究的工作重点。

7.4.2　理论效度检验

本节采取传统的理论效度的检验方法，分别使用 OLS 模型、Logit 模型和 Tobit 模型对 CVM 理论效度进行检验。模型中的解释变量包括游客的满意度（sat）、游客对景区的熟悉程度（exp）及游客的社会经济特征，具体包括年龄、性别、教育、职称、家庭人口、收入、职业、居住地、来源地。重点检验满意度、游客对景区的熟悉程度、收入对支付意愿的影响。由于抗议性支付问卷的实际意愿支付值与其收入的关系不能识别，在回归时把抗议性支付问卷（24 份）删除。各变量的计量方法如表 7-8 所示。

Logit 模型中，删除支付意愿值为 0 的样本。Logit 模型（2）增加收入的平方（inc2）。回归结果如表 7-9 所示。

表 7-8　解释变量的量化

自变量(x)	变量名	计量方法
sat	满意度	非常不满意，1；不满意，2；一般，3；满意，4；非常满意，5
exp	旅游次数（熟悉程度）	1次及以下，1；2次，2；3次，3；4次，4；5次及以上，5
age	年龄	20岁及以下，1；21～40岁，2；41～60岁，3；61岁以上，4
gen	性别	男，1；女，0
fp	家庭人口	1～2人，1；3～4人，2；5人及以上，3
edu	教育程度	初中以下，1；高中与中专，2；大专或本科，3；研究生，4
occ1	职业1	行政事业单位人员，1；其他，0
occ2	职业2	企业单位人员，1；其他，0
occ3	职业3	自由职业者，1；其他，0
occ4	职业4	学生，1；其他，0
prof	职称	无职称，1；初级，2；中级，3；高级，4
inc	收入	2 000元以下，1；2 001～4 000元，2；4 001～6 000元，3；6 001～8 000元，4；8 001～10 000元，5；10 000元以上，6
ori1	来源地1	福建省外，1；其他，0
ori2	来源地2	福建省内，1；其他，0
zon1	居住地1	市区，1；其他，0
zon2	居住地2	市郊，1；其他，0

表 7-9　理论效度检验模型估计结果

模型	Logit模型（1）		Logit模型（2）		OLS模型（3）		Tobit模型（4）	
因变量	回归系数	标准误	回归系数	标准误	回归系数	标准误	回归系数	标准误
sat	0.377***	0.125	0.297***	0.086	7.682**	2.185	18.862***	3.478
exp	0.143*	0.080	0.135**	0.038	4.750*	1.526	9.040***	1.663
age	−0.062	0.212	−0.204	0.135	−2.993**	0.624	−5.273	3.673
gen	0.232	0.505	0.636	0.611	−0.227	3.378	4.825	13.911
edu	−0.253	0.191	−0.176	0.185	−10.079	11.263	−17.387	18.647
fp	0.182	0.228	0.020	0.153	−8.342*	2.697	−6.903	7.198

续表

模型	Logit 模型（1）		Logit 模型（2）		OLS 模型（3）		Tobit 模型（4）	
因变量	回归系数	标准误	回归系数	标准误	回归系数	标准误	回归系数	标准误
occ1	1.387***	0.224			12.695	6.775	47.348***	9.359
occ2	0.617	0.383			0.214	1.432	17.621***	6.509
occ3	−0.519	0.606			−5.267	5.135	−18.372	22.131
occ4	0.941***	0.301			16.608	13.792	43.827	27.085
inc	−0.033	0.069	0.570**	0.260	12.350**	3.817	15.182**	6.740
inc2			−0.086***	0.033				
zon1	0.137	0.239	0.339	0.304	1.978	3.352	9.957	11.259
zon2	0.325	0.356	−0.031	0.115	−0.642	2.310	8.319	7.706
ori1	−0.303	0.385	−0.515*	0.298	−4.708	5.627	−18.772*	10.457
ori2	−0.036	0.387	−0.211	0.340	−7.686	5.161	−12.745*	7.718
cons	−2.008	1.321	−1.695	1.164	−0.511	23.999	−97.617**	38.472
N	245		245		221		221	

备注：（1）*** 表示在 1% 的显著性水平下显著；** 表示在 5% 的显著性水平下显著；* 表示在 10% 的显著性水平下显著；（2）由于不同的年龄群体对事物的认知以及个体社会经济特征因素等存在显著差异，所以四个模型均以年龄作为聚类变量进行稳健回归；（3）*N* 为样本数。

从表 7-9 可知，游客在福州国家森林公园的游玩满意程度（sat）越高，游客的支付意愿越强烈，即在环境物品成本既定的情况下，消费者因环境物品改善得到的效用越大，消费者愿意为环境物品支付的价格越高，因而得到的消费者剩余也就越大，符合消费者剩余的基本理论（张翼飞 等，2007）。

游客对福州国家森林公园的熟悉程度（exp）对游客的支付意愿具有显著的正向影响，即受访者对环境物品的熟悉程度越高，支付的意愿越强烈，这与俞玥等人研究的结果一致（俞玥 等，2012）。

在 Logit 模型（1）中，收入（inc）对游客的支付意愿虽然不显著，但是为负数，即游客收入越高，对福州森林公园环境质量的改善与维护支付的意愿越小，这明显与经济理论不相符。可能存在以下两种原因：其一，可能是样本选择偏差造成的结果，学生的比例占到样本的 33.06%，学生缺乏收入概念会对支付意愿产生较大的影响；其二，由于高收入群体具有较高的物质生活条件，从而拥有更多的旅游机会以及旅游环境替代品，而替代品信息会降低被调查者的 WTP

值（查爱苹，2013）。由于存在这两种类型的样本选择偏差，可能造成游客收入与支付意愿存在非线性关系。在 Logit 模型（2）中，加入收入的平方项（inc2），模型回归结果得到改观。结果显示，游客的收入越高，愿意支付的意愿越强，支付意愿值越高，但是边际收入支付意愿值呈负说明收入与支付意愿的关系不是线性关系，证实了本节的预测。OLS 模型和 Tobit 模型中收入与支付意愿的关系都呈显著的正向关系。

游客的其他社会经济特征变量中，事业政府部门的工作人员、学生相对于其他职业来说更愿意对福州国家森林公园环境质量的改善进行支付；关于前者，可能是事业政府部门工作人员工作本身从事着与公共（环境）管理相关的活动，更想看到环境质量的改善；后者可能是社会压力小、收入概念比较薄弱与公益心较强等因素，也可能是奉承偏差（对调查人员的身份认同）造成的原因。来源地特征中，距离福州国家森林公园越远的居民支付意愿越低，而距离福州国家森林公园越近的游客支付意愿越高。这与理论分析是一致的，因为距离福州国家森林公园越远的游客享受到森林公园环境的机会越少，效益越低，因而对福州国家森林公园支付的意愿也越低。

总之，从各个指标值的检验结果来看，游客的支付意愿与经济理论基本一致，理论效度较好。

第 8 章　支付卡引导技术下平均支付意愿的参数估计

利用非参数方法对平均支付意愿进行估计，估计结果受抽样数据的影响较大，不具有统计性质。近年来越来越多的学者利用参数方法对平均支付意愿进行估计。参数方法中，由于效用函数的模型设定差异、零支付处理方法的差异等，又分化出较多方法。本章利用第一阶段和第二阶段调查的总数据，采用区间对数线性模型、区间线性模型、线性 Tobit I 模型、线性 Tobit II 模型分别对平均支付意愿进行估算，并对不同方法的估计结果进行比较。

8.1　样本数据描述与统计

8.1.1　样本构成

本部分利用从 2015 年至 2016 年两年的调查数据，共发放问卷 480 份，回收问卷 420 份，无效问卷和不完整问卷 35 份，有效问卷 385 份，有效回收率 80.21%。

基于对 385 份有效问卷的整理，游客的社会经济特征如表 8-1 所示。游客的性别构成基本符合人口构成结构，说明该公园的产品属中性，没有性别取向。游客年龄主要集中于 21 ～ 40 岁之间，占总体的 61%，余下的 39% 中，20 岁以下的游客与 61 岁以上的游客比例基本持平。家庭构成主要为 3 口之家或 4 口之家，占总人数的 63.64%。5 ～ 6 人的家庭，占 26.23%，单身、无孩双人家庭以及超大人口家庭较少。游客的文化程度以大专或本科为主，占到总样本量的 59.48%。从职业来看，构成比较分化，有工作的人员（包括行政事业单位人员、企业人员和自由职业者）不到总样本数的一半（41.82%），学生、家庭主妇、退休人员等无工作者占到总数的 58.18。游客的月收入以 6 000 元以下为主，占到总游客量的 85.97%。从来源地来看，主要为福建省内游客，省外游客只占到总游客量的 21.82%。从居住地来看，主要以市区和市郊为主（占 86.75%），农村人口相对较少。第一阶段与第二阶段的总样本结构与第一阶段的样本结构基本相似。

表 8-1　游客社会经济特征变量的描述统计

变量名称	变量构成	频数 / 人	频率 / %	小计 /（人 /%）
性别	男	201	52.21	385/100
	女	184	47.79	
年龄	20 岁以下	74	19.22	385/100
	21 ～ 40 岁	235	61.04	
	41 ～ 60 岁	53	13.77	
	61 岁以上	23	5.97	
家庭人口	1 ～ 2 人	22	5.71	385/100
	3 ～ 4 人	245	63.64	
	5 ～ 6 人	101	26.23	
	7 人以上	17	4.42	
居住地	市区	223	57.92	385/100
	市郊	111	28.83	
	农村	51	13.25	
来源地	福州市	164	42.60	385/100
	福建省其他地区	137	35.58	
	福建省以外	84	21.82	
教育背景	初中以下	39	10.13	385/100
	高中与中专	93	24.16	
	大专或本科	229	59.48	
	研究生	24	6.23	
月收入	2 000 元以下	132	34.29	385/100
	2 001 ～ 4 000 元	113	29.35	
	4 001 ～ 6 000 元	86	22.34	
	6 001 ～ 8 000 元	32	8.31	
	8 001 ～ 10 000 元	10	2.60	
	10 000 元以上	12	3.12	

续表

变量名称	变量构成	频数 / 人	频率 / %	小计 /（人 /%）
职业	政府及事业单位	35	9.09	385/100
	企业单位	94	24.42	
	退休人员	32	8.31	
	学生	86	22.34	
	其他	138	35.84	

8.1.2 游客出游行为特征

为了与第7章做比较，根据问卷的指标设计，从游客满意度、游览次数（熟悉程度）、支付意愿三个方面对游客出游特征进行分析。

（1）游客满意度。用“非常满意”“比较满意”“一般”“不太满意”和“不满意”五个维度对游客景区满意度进行调查，结果见图8-1。

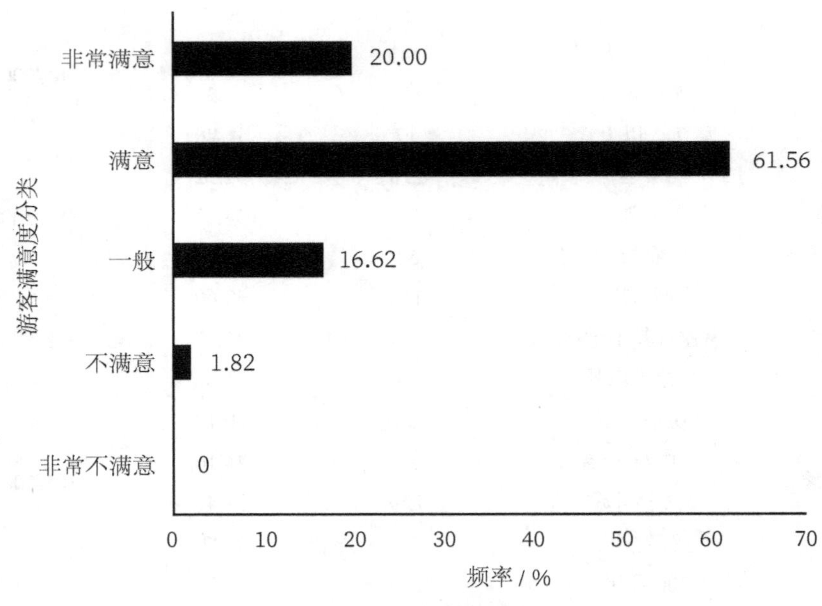

图8-1 游客满意度

总体来看，游客对于在福州国家森林公园中的满意感知度较高，满意率为81.56%，其中非常满意占样本总数的20%；不满意的人数有7人，不满意率仅为1.82%。非常不满意的游客数为0。在影响满意度的因素中，不满意和非常不满意的受访者选择较多的是卫生条件、娱乐设施和服务质量[①]。因此，景区可以通过改善卫生环境、增加娱乐设施以及提升森林公园的服务质量来提高游客整体的满意度。

（2）游客对评估物品的熟悉程度（游览次数）。从游览次数上来看，游客到国家森林公园的平均游览次数为 2.63 次。游览 1 次以下与 5 次以上的游客人数最多，占样本总数的 58.44%。游览福州国家森林公园 1 次以下的游客有 133 人，占比为 34.55%，这部分游客主要来自省外以及福建省距离福州国家森林公园较远的市县。而游览福州国家森林公园 5 次以上的游客主要为福州市内的游客。

结果见图 8-2。

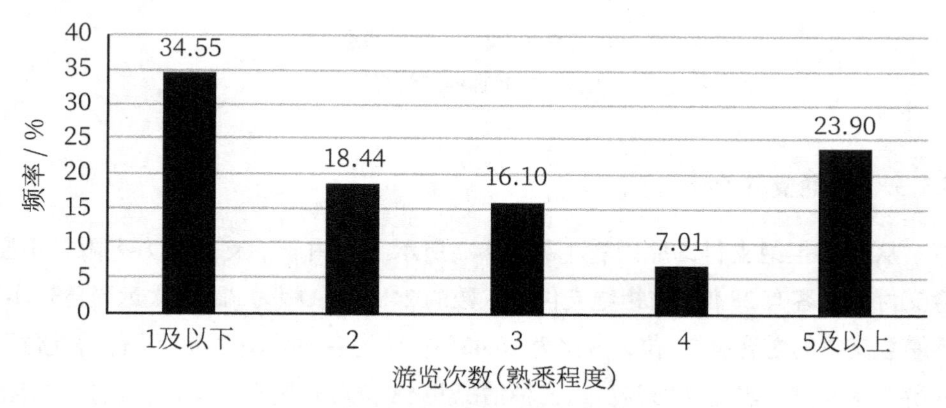

图 8-2　游客游览次数分布（熟悉程度）

（3）游客的支付意愿。从支付意愿来看，271 位游客愿意对森林公园环境质量的改善进行支付，占游客总数的 70.39%。拒绝支付的游客有 114 位，占总游客数的比率为 29.61%，拒绝率相对较高（见图 8-3）。正如在发展中国家所做的研究显示，由于资金流向不明以及公众对政府的不信任导致抗议支付率普遍较高（董雪旺，2011），也可能是受访者对 CVM 的实施过程不熟悉或对于自愿捐助方式不习惯造成的。

① 鉴于研究目的，此部分未做展开说明；具体测量方式可见附录 I 。

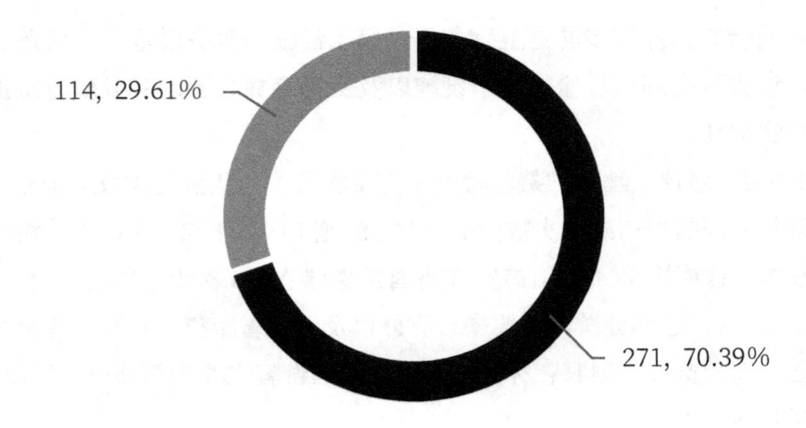

图 8-3 游客的支付意愿

8.1.3 拒绝支付分析

从游客拒绝支付的原因看（如表 8-2 所示）：由于“支付能力有限”不愿意支付的游客有 28 位，占拒绝支付总人数的 24.56%；因为“距离太远受益较小”不愿意支付的游客有 21 位，占比为 18.42%；认为森林公园“质量不值得支付”的游客有 9 位，占比 7.89%。这三种情况共 58 位可归属于零支付。认为“应由政府支付”的游客有 41 位，占比 35.96%；认为“已经纳税”拒绝支付的游客有 15 位，占 13.16%。这两种情况共 56 位属于明显的抗议性支付。

表 8-2 拒绝支付原因频数分布表

拒绝支付类型	拒绝支付原因	频数/人	频率/%	累计频率/%
非抗议支付	个人经济能力有限，无力支付	28	24.56	50.88
	福州国家森林公园距离自己居住地太远，受益较小	21	18.42	
	本人认为森林公园质量不值得支付	9	7.89	
抗议支付	政府支付	41	35.96	49.12
	已纳税拒绝再次支付	15	13.16	
总计		114	100	100

从 271 份愿意支付的问卷来看，支付额超过 1 000 元的只有 2 份（5 000 元），说明绝大多数游客在填写问卷时是理智的。通过分析发现，这两份问卷的支付

额与其收入水平明显不匹配，为无效问卷。这样，余下的问卷中，愿意支付的问卷共 269 份，支付额最小为 1 元，最大为 800 元。不愿意支付的问卷 114 份，其中 58 份非抗议性支付视为 0 支付意愿。这样用于估计森林公园价值的样本共有 327 份。愿意支付的问卷中，频率较高的几个支付额为 5 元、10 元、20 元、50 元、100 元。支付额的具体分布如图 8-4 所示。

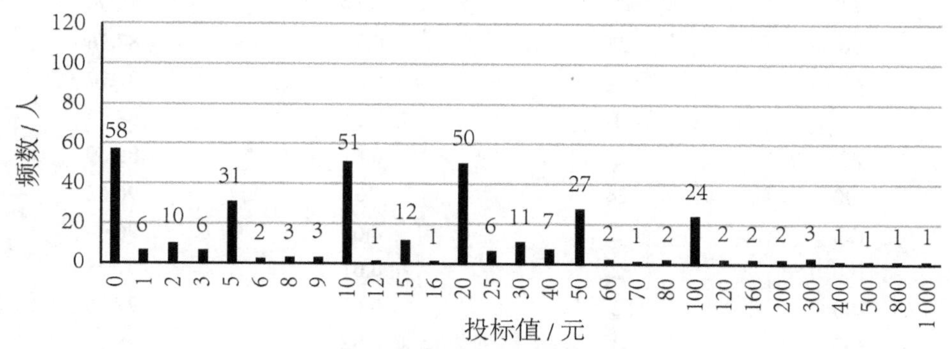

图 8-4　游客意愿支付额分布图

8.2　平均支付意愿的非参数估计

为了比较 CVM 方法估计结果的稳定性，下面利用全部支付卡引导技术下的调查问卷对支付意愿进行非参数估计。估计方法与第 7 章类似。首先统计出被访游客的支付意愿分布，如表 8-3 所示。

表 8-3　支付意愿频度分布

投标值（b）/ 元	愿意支付人数 / 人	愿意支付比率 / %	累计比率 / %
0	58	17.74	17.74
1	6	1.83	19.57
2	10	3.06	22.63
3	6	1.83	24.46
5	31	9.48	33.94
6	2	0.61	34.56
8	3	0.92	35.47
9	3	0.92	36.39
10	51	15.60	51.99
12	1	0.31	52.29

续表

投标值（b）/ 元	愿意支付人数 / 人	愿意支付比率 / %	累计比率 / %
15	12	3.67	55.96
16	1	0.31	56.27
20	50	15.29	71.56
25	6	1.83	73.39
30	11	3.36	76.76
40	7	2.14	78.90
50	27	8.26	87.16
60	2	0.61	87.77
70	1	0.31	88.07
80	2	0.61	88.69
100	24	7.34	96.02
120	2	0.61	96.64
160	2	0.61	97.25
200	2	0.61	97.86
300	3	0.92	98.78
400	1	0.31	99.08
500	1	0.31	99.39
800	1	0.31	99.69
1000	1	0.31	100.00
合计	327	100.00	

取 b_{M+1}=1200，P_{M+1}=0，利用第 5 章所介绍的非参数均值 WTP 计算的三种方法计算如下：

①下边界求解方法：

$$E(\mathrm{WTP})_{\mathrm{L}}=\sum_{j=1}^{M}b_jP_j=34.86$$

②中值求解方法：

$$E(\mathrm{WTP})_{\mathrm{M}}=\sum_{j=1}^{M}(\frac{b_j+b_{j+1}}{2})P_j=39.43$$

③上边界求解方法：

$$E(\mathrm{WTP})_{\mathrm{U}}=\sum_{j=1}^{M}b_{j+1}P_j=44.00$$

因此，按照非参数估计的三种方法，分别得到福州国家森林公园人均游憩价值依次为 34.86 元、39.43 元和 44.00 元。与利用第一阶段数据得出的结果极为接近。

8.3 基于区间 Log-Normal 模型的平均支付意愿估计

8.3.1 回归模型

本节在支付卡引导技术基础上，在参数的推断上选择带有“阶跃”（spike）分布的“统一混合模型”。选择 Log-Normal 模型，出于以下考虑：第一，模型直接对支付意愿 WTP 施加了非负约束；第二，统一分布更适合于 WTP 的右偏分布；第三，模型系数的解释比较直观。采用区间估计法主要考虑到支付卡所反映的游客的支付意愿是离散值，游客只能在两个支付值之间选择，而游客的实际支付意愿应该介于两个支付值之间。具体如下：

设游客“真正”的支付意愿值为 WTP_i*，WTP_i* 与影响因素的关系具体表示为

$$\log WTP* = x'\beta + \mu = \beta_0 + \beta_1 x_1 + \beta_2 x_2 + \cdots + \beta_k x_k + \mu \quad (8\text{-}1)$$

式中，$x_i(i=1, 2, \cdots, k)$ 为影响游客购买森林公园产品的社会经济特征及其他变量，β_0，β_1，…，β_k 为参数，μ 为随机干扰项，服从均值为 0、标准差为 σ 的正态分布。

由于采用对数形式，式 8-1 中的 WTP* 不能为 0，需要在起点 0 处引入“阶跃”（spike）分布（Kristram，1997；杜丽永 等，2013），其累积概率密度函数为

$$F(z;\mu,\sigma^2)=\begin{cases}\rho, & WTP^*=0\\ \rho+(1-\rho)\cdot\Phi\left(\dfrac{\ln z-\mu}{\sigma}\right), & WTP^*>0\end{cases} \quad (8\text{-}2)$$

ρ 为“阶跃”的高度，为 WTP* 等于 0 的概率，即 0 支付所占的概率，μ_0、σ 分别为 ln$z$ 的均值与标准差。

设游客 i 在支付卡上圈定的支付意愿值为 WTP_{il}，WTP_i* 落入区间 $[WTP_{il}, WTP_{iu})$ 的概率为

$$\Pr(WTP_i^* \subseteq [WTP_{il}, WTP_{iu})) = \Pr((\ln WTP_{il} - x_i'\beta)/\sigma < z_i < (\ln WTP_{iu} - x_i'\beta)/\sigma) \quad (8\text{-}3)$$

式 8-3 中，z_i 为标准正态随机变量。通过变形处理，n 个个体的联合概率密度函数可表示为似然函数 $\log L = \sum_{i=1}^{n} \log\left[\Phi(z_{iu}) - \Phi(z_{il})\right]$，$z_{iu}$ 和 z_{il} 表示公式（8-3）右端 z_i 的上限和下限。采用区间最大似然函数估计，可以求出公式（8-1）的参数。没有阶跃下的支付意愿的期望值为 $E(WTP)=\exp(\overline{x}'\hat{\beta}+\dfrac{\hat{\sigma}^2}{2})$，存在阶跃下的

支付意愿的期望值为 $E(\text{WTP*})=\exp(\bar{x}'\hat{\beta}+\frac{\hat{\sigma}^2}{2})(1-\rho)$。

8.3.2 模型中影响因素的选择与量化

影响因素 X 包括游客的个人月收入、游客对景区的满意度、旅游次数等。另外选择性别、年龄、家庭人口、教育程度、职称、居住地等作为控制变量。各变量的具体计量如表 8-3 所示。

表 8-3 影响支付意愿的变量说明

自变量(x)	变量名	变量类型	计量方法
sat	满意度	定量变量	非常满意 ,5；满意 ,4；一般 ,3；不满意 ,2；非常不满意 ,1
ex1	旅游经历 1	虚拟变量	5 次以上 ,1；其他 ,0
ex2	旅游经历 2	虚拟变量	1 次 ,1；其他 ,0
gen	性别	虚拟变量	男 ,1；女 ,0
age1	年龄 1	虚拟变量	21 ～ 40 岁 ,1；其他 ,0
age2	年龄 2	虚拟变量	41 ～ 60 岁 ,1；其他 ,0
age3	年龄 3	虚拟变量	61 岁以上 ,1；其他 ,0
fp1	家庭人口 1	虚拟变量	1 ～ 2 人 ,1；其他 ,0
fp2	家庭人口 2	虚拟变量	3 ～ 4 人 ,1；其他 ,0
edu1	教育程度 1	虚拟变量	高中与中专 ,1；其他 ,0
edu2	教育程度 2	虚拟变量	大专与本科 ,1；其他 ,0
edu3	教育程度 3	虚拟变量	研究生 ,1；其他 ,0
occ1	职业 1	虚拟变量	行政事业单位人员 ,1；其他 ,0
occ2	职业 2	虚拟变量	企业单位人员 ,1；其他 ,0
occ3	职业 3	虚拟变量	自由职业者 ,1；其他 ,0
occ4	职业 4	虚拟变量	学生 ,1；其他 ,0
prof1	职称 1	虚拟变量	高级 ,1；其他 ,0
porf2	职称 2	虚拟变量	中级 ,1；其他 ,0
prof3	职称 3	虚拟变量	初级 ,1；其他 ,0
inc	月收入	离散变量	2 000 元以下 ,1；2 001 ～ 4 000 元 ,2；4 001 ～ 6 000 元 ,3；6 001 ～ 8 000 元 ,4；8 001 ～ 10 000 元 ,5；10 000 元以上 ,6
ori1	来源地 1	虚拟变量	福州市 ,1；其他 ,0
ori2	来源地 2	虚拟变量	福建省内 ,1；其他 ,0
zon1	居住地 1	虚拟变量	市区 ,1；其他 ,0
zon2	居住地 2	虚拟变量	市郊 ,1；其他 ,0

8.3.3 模型参数估计

模型利用支付意愿选项大于 0 的 269 份样本进行回归。考虑到模型会存在异方差问题，利用最大似然估计方法，进行稳健下的区间回归参数估计，得到式 8-1 中的参数估计值，如表 8-4 模型 I 所示。从中可知，模型 I 整体在 0.000 1 水平上显著，说明模型是可以接受的。

具体从每一个变量的回归系数来看，游客的满意程度虽然与支付意愿呈正相关关系，但在 10%的显著水平下，两者关系不显著。这说明游客进行支付意愿选择时，还是比较理智的，不因为一次的不满意影响改善生态环境的责任与义务。

旅游经历与支付意愿的关系也不显著。这也验证了问卷设计内容和调查结果的有效性（蔡志坚，2017）。本调查是在森林公园景区内进行面对面的调查，且在游客游完所有景点之后进行的，同时在调查时，调查人员通过与被访游客的交流确保游客充分了解森林公园的价值。因此，虽然游客到森林公园的旅游次数不同，但对森林公园的了解基本相似，都充分了解了森林公园的所有信息，因而避免了信息偏差。

收入与支付意愿存在非常显著的正相关关系，说明收入是决定人们支付意愿的重要因素，这一结论与经济学理论是一致的，说明数据的收集及模型的估计是合理的。

其他控制变量中，性别、家庭人口、教育程度、职称、客源地、居住地对支付意愿值都没有显著的影响，说明支付意愿值在不同性别、不同家庭结构、不同教育程度、不同客源地、不同居住地的游客之间不存在显著的结构差异。

年龄构成中，21 ～ 40 岁、41 ～ 60 岁的游客的支付意愿显著低于 20 岁以下及 61 岁以上年龄段的游客，说明这一群体的家庭生活压力更大，自愿消费意愿比较弱。职业构成中，企业人员和学生的支付意愿显著高于其他群体，这一点与一般的认知不太一致。一般认为，政府事业单位人员责任心更强，保护环境的支付意愿更强。从职称来看，高职称的游客的支付意愿显著高于低职称游客，这与经济理论是一致的。职称与收入存在显著的正相关关系，一般来说，高职称的人收入也较高，因此高职称具有较高支付意愿是合理的。

利用逐步回归法，删去在 10%的水平上不显著的变量，最后得到的结果如

表 8-4 模型Ⅱ所示。由于模型Ⅱ去掉了较多弱相关的变量，模型的似然对数值、Wald 卡方值都有所下降，但整体上仍是显著的。模型Ⅱ的结果显示，影响游客支付意愿的变量只有两个：一个是游客的家庭收入，家庭收入越高，游客的支付意愿越强；一个是年龄构成，41 ～ 60 岁的游客的支付意愿明显低于其他年龄段游客。

表 8-4　基于区间对数线性函数的回归分析结果

解释变量	模型 I		模型 II	
	回归系数	*P* 统计值	回归系数	*P* 统计值
inc	0.180 1**	0.032	0.213 1***	0.001 0
sat	0.070 2	0.550		
exp1	0.011 8	0.953		
exp2	0.240 9	0.159		
gen	−0.117 6	0.417		
age1	−0.370 5*	0.083		
age2	−0.764 1***	0.002	−0.355 9**	0.061 0
age3	0.098 8	0.795		
fp1	−0.559 8	0.115		
fp2	−0.055 2	0.705		
edu1	0.054 9	0.856		
edu2	0.348 6	0.230		
edu3	−0.331 3	0.419		
occ1	0.245 7	0.380		
occ2	0.360 4*	0.072		
occ3	0.069 4	0.769		
occ4	0.366 9*	0.059		
prof1	0.613 0*	0.062		
prof2	0.280 6	0.204		
prof3	−0.126 0	0.559		
ori1	0.257 9	0.199		
ori2	0.201 8	0.291		
zon1	0.283 8	0.233		
zon2	−0.003 0	0.990		
cons	1.787 6	0.003	2.519 9	0.000 0
sigma	1.083 8	0.043	1.157 2	0.043 8
Log pseudo likelihood	884.361 8		−901.886 3	
Wald chi2	57.69***		11.63***	

注：* 表示在 10% 水平显著；** 表示在 5% 水平显著；*** 表示在 1% 水平显著。

8.3.4　游客平均支付意愿估计

利用模型 II 中的参数估计结果，以及 269 个样本中收入（inc）平均值 2.376 9 和 age2 平均值 0.153 0，得到没有阶跃下的游客支付意愿期望值为

$$E(\mathrm{WTP})=\exp\left(2.519\,9+0.213\,1\times 2.376\,9-0.355\,9\times 0.153\,0\right)\cdot \exp\left(\frac{1.157\,2\wedge 2}{2}\right)$$

$$=38.15$$

然后计算出阶跃概率 ρ=58/327=17.74%，得到阶跃下的游客支付意愿平均期望值为

$$E(\mathrm{WTP})=38.15\times\left(1-17.74\%\right)=31.38$$

8.4　基于区间 Normal 模型的平均支付意愿估计

区间 Normal 模型直接利用支付额作为被解释变量，同时利用区间估计法把游客真实的支付意愿额 WTP* 看成介于两个名义意愿支付额之间的一个值。具体模型如下：

设游客“真正”的支付意愿值为 WTP*，WTP* 与影响因素的关系为

$$\mathrm{WTP}^* = x'\beta + \mu = \beta_0 + \beta_1 x_1 + \beta_2 x_2 + \cdots + \beta_k x_k + \mu \qquad (8\text{-}4)$$

式 8-4 中的解释变量与式 8-1 中的解释变量相同。由于是线性模型，将 58 份非抗议支付视为 0 支付意愿放入模型，共得到 327 个样本。利用区间最大似然函数估计法，得到估计结果如表 8-5 所示。

从表 8-5 可知，回归结果与表 8-4 相似。满意度和旅游经历对支付意愿的影响仍然不显著。收入对支付意愿的影响为正且极为显著。

从其他控制变量来看，年龄结构中，21 ～ 40 岁的游客和 41 ～ 60 岁的游客的支付意愿都显著低于 20 岁以下的游客的支付意愿，而 61 岁以上的游客和 20 岁以下的游客支付意愿没有显著差异。从教育水平来看，大专或本科生的支付意愿最强，高中或中专及研究生的支付意愿较低，显著低于大专或本科生的支付意愿。从职称构成来看，职称越低，支付意愿越低，但高级职称与中级职称的游客的支付意愿差异并不显著。初级职称游客的支付意愿显著低于其他游客的支付意愿。从居住区域来看，居住在市区的游客支付意愿更强，显著高于居住在市郊和农村的居民。利用逐步回归法，删去不显著的影响因素，得到回

归结果如表 8-5 模型Ⅱ。

表 8-5 基于区间线性函数的估计结果

解释变量	模型 I		模型 II	
	回归系数	z 统计值	回归系数	z 统计值
inc	22.74***	2.81	21.69***	6.22
sat	0.52	0.08		
exp1	9.25	0.75		
exp2	4.43	0.63		
gen	−1.11	−0.19		
age1	−11.75*	−1.68	−13.65**	2.44
age2	−39.35***	−3.18	−32.19***	3.28
age3	−3.53	−0.26		
fp1	−22.36	−1.2		
fp2	−1.72	−0.25		
edu1	−39.08*	−1.72	−16.93***	2.59
edu2	−29.36	−1.24		
edu3	−45.07*	−1.67	−24.82**	2.20
occ1	−11.15	−0.86		
occ2	14.67	1.48		
occ3	−11.19	−1.17		
occ4	6.06	0.72		
prof1	23.10	1.09		
prof2	−3.18	−0.2		
prof3	−29.80**	−2.35	−26.23***	2.51
ori1	12.53	1.06		
ori2	6.70	0.85		
zon1	12.73	1.69	16.96***	2.94
zon2	−0.89	−0.13		
cons	7.33	0.26	−2.46	0.26
sigma	62.94	43.51	64.68	12.99
Log pseudo likelihood	−1 505.498 3		−1 514.243 2	
Wald chi2	36.91**		19.56***	

注：* 表示在 10%水平显著；** 表示在 5%水平显著；*** 表示在 1%水平显著。

利用表 8-5 模型 II 回归结果以及第 5 章介绍的 WTP 均值的求解方法，得到游客的支付意愿平均值为

$$E(\mathrm{WTP}) = \bar{x}'\hat{\beta} = 34.51$$

考虑到 58 份非抗拒支付，计算出阶跃概率 ρ=58/383=15.14%，得到阶跃下

的游客支付意愿平均期望值为

$$E(\text{WTP}) = 34.51 \times (1 - 15.14\%) = 29.29$$

8.5　基于 Tobit I 模型的平均支付意愿估计

区间线性模型没有排除 0 点的值。由于支付意愿 0 值大量存在，实际上导致随机干扰项并不符合正态分布。支付意愿在 0 点形成了归并效应。本部分利用 Tobit 模型对支付意愿为 0 的数据进行处理。被解释变量为游客在支付卡上选择的支付意愿值。

具体模型如下：

$$\text{WTP} = x'\beta + \mu = \beta_0 + \beta_1 x_1 + \beta_2 x_2 + \cdots + \beta_k x_k + \mu \quad (8\text{-}5)$$

利用 Tobit 模型估计法，得到估计结果如表 8-6 所示。

从模型 I 的回归结果来看，收入仍然是影响支付意愿的最重要因素，收入越高，支付意愿值越大。满意度和旅游经历对支付意愿的影响为正，但不显著。年龄构成中，41 ～ 60 岁的游客的支付意愿值显著低于其他年龄段。学历构成中，大专或本科生的支付意愿仍然是显著高于中专及以下游客和研究生游客。职称构成中，低级职称的游客支付意愿显著低于高级和中级职称的游客，但高级和中级职称的游客之间的支付意愿没有显著区别。

利用逐步回归法，删去不显著的影响因素，得到回归结果如表 8-6 模型 II。当删去不显著的影响因素之后，居住在市区的游客的支付意愿变得显著，显著高于市郊或农村游客的支付意愿。

表 8-6　基于 Tobit I 回归模型的估计结果

解释变量	模型 I		模型 II	
	回归系数	t 统计值	回归系数	t 统计值
inc	26.010 9***	6.54	22.227 6***	4.17
sat	4.843 72	0.64		
exp1	11.759 0	1.10		
exp2	5.836 49	0.58		
male	3.627 06	0.44		
age1	−16.473 5	−1.35	−27.420 8***	−2.91
age2	−43.270 7***	−2.86	−43.420 8***	−2.92

续表

解释变量	模型 I		模型 II	
	回归系数	t 统计值	回归系数	t 统计值
age3	−7.158 20	−0.36		
pop1	−21.161 2	−1.05		
pop2	−4.993 6	−0.58		
edu1	−48.577 0***	−3.23	−27.846 3***	−2.71
edu2	−34.835 5	−2.49		
edu3	−54.995 0***	−2.66	−34.751 5***	−2.31
occ1	−7.566 94	−0.47		
occ2	19.388 6	1.55		
occ3	−5.609 5	−0.34		
occ4	5.697 9	0.52		
prof1	20.856 7	1.29		
prof2	−5.958 4	−0.48		
prof3	−37.058***	−2.58	−30.174 3***	-2.5
ori1	15.204 7	1.35		
ori2	9.380 7	0.85		
zon1	20.703 4	1.56	17.623 8***	3.04
zon2	2.702 1	0.20		
cons	−10.315 2	−0.49		
sigma	67.867 2		69.937 5	
Pseudo R^2	0.028 5		0.022 8	
Log pseudo likelihood	−1 549.64		−1 558.75	
F	1.56**		2.59***	

注：* 表示在 10% 水平显著；** 表示在 5% 水平显著；*** 表示在 1% 水平显著。

利用表 8-6 模型Ⅱ的回归结果和式（5-4），计算平均支付意愿值。首先利用表 8-6 回归结果，得到 $\overline{x'}\cdot\hat{\beta}=43.2873$， $\hat{\sigma}$=69.937 5。

将以上计算结果代入式（5-4）得到

$$E(\text{WTP})=0.7320\times\left(43.2873+69.9375\times\left(\frac{0.1314}{0.7320}\right)\right)$$
$$=40.88$$

8.6 基于 Tobit Ⅱ 模型的平均支付意愿估计

基于 Tobit Ⅰ模型的平均支付意愿估计考虑到了过多 0 支付意愿导致的估计问题，比线性模型要优越一些，但是没有考虑不愿意支付和 0 支付意愿之间的差异性。Tobit Ⅱ 模型对此进行了改进。下面利用 Tobit Ⅱ 模型方法对平均支付意愿进行估计。

采用第 5 章介绍的两部分模型，具体为

$$\begin{cases} d_i = x_i'\gamma + \varepsilon_i \\ \mathrm{WTP}_i{}^* = x_i'\beta + \mu_i \end{cases}$$

下面利用陈强（2016）介绍的 Heckit 两步法对参数进行估计。得到结果如表 8-7 所示。

从表 8-7 回归结果知，游客是否愿意支付受到满意度和收入的显著影响，满意度越高或收入越高，越愿意支付。而愿意支付多少仅仅受到收入的显著的正向影响。

其他控制变量对支付意愿的决策和愿意支付多少的决策都没有显著影响。

表 8-7　基于线性 Tobit Ⅱ 回归模型的估计结果

解释变量	回归系数	标准差	z 统计值	$P>\|z\|$
inc	17.032	1.892 3	9.00***	0.000
select				
sat	0.346 7	0.123 4	2.81***	0.005
inc	0.363 0	0.087 0	4.17***	0.000
cons	−1.159 9	0.530	−2.19**	0.029
mills				
lambda	−2.580 3	15.656 8	−0.16	0.869
rho=−0.037 0；sigma=69.705 7；Wald chi2（1）=81.02***				

注：* 表示在 10% 水平显著；** 表示在 5% 水平显著；*** 表示在 1% 水平显著。

利用式（5-5）和表 8-7 的回归结果，计算得到 $\bar{x}'\beta = 38.1914$，$\bar{x}'\hat{\gamma} = 1.0366$，则 $E(\mathrm{WTP}) = \bar{x}'\beta + \rho\sigma_\mu\lambda(-\bar{x}'\gamma)$=36.12。

如果第二步选择对数线性模型，即

$$\begin{cases} d_i = x_i'\gamma + \varepsilon_i \\ \ln \mathrm{WTP}_i{}^* = x_i'\beta + \mu_i \end{cases}$$

则得到回归结果如表8-8所示。从表8-8回归结果知，当采用对数线性模型时，游客是否愿意支付受到满意度和收入的显著影响，满意度越高或收入越高，越愿意支付。而愿意支付多少同样受到满意度和收入的显著的正向影响。

其他控制变量对支付意愿的决策和愿意支付多少的决策都没有显著影响。

表8-8　基于对数线性 Tobit Ⅱ回归模型的估计结果

解释变量	回归系数	标准差	z 统计值	$P>\|z\|$
d				
sat	0.325 1	0.092 1	3.53***	0.000
inc	0.419 2	0.094 9	4.42***	0.000
lWTP				
sat	0.346 7	0.123 4	2.81***	0.005
inc	0.363 0	0.087 0	4.17***	0.000
cons	−1.159 9	0.530	−2.19**	0.029
lambda	1.984 3	0.698 170 6	2.84	0.004
rho=1；sigma=1.984 3；Wald chi2（1）=4.52**				

注：* 表示在10%水平显著；** 表示在5%水平显著；*** 表示在1%水平显著。

利用式（5-6）和表8-8的回归结果，计算得到 $\bar{x}'\beta=2.2364$，$\bar{x}'\hat{\gamma}=1.0366$，则

$$E(\mathrm{WTP})=\exp(\bar{x}'\beta+\rho\sigma_{\mu}\lambda(-\bar{x}'\gamma))=46.07$$

考虑到58份零支付，计算出阶跃概率 ρ=58/327=17.74%，得到阶跃下的游客支付意愿平均期望值为

$$E(\mathrm{WTP})=46.07\times(1-17.74\%)=37.90$$

8.7　不同估计方法的比较

从以上不同方法的估计可知，Log-Normal阶跃模型、区间Normal模型、Tobit Ⅰ模型和Tobit Ⅱ模型等参数方法对于支付意愿影响因素的估计基本相似。收入是影响游客支付意愿的最显著最稳定的因素，不论用哪一类方法进行参数估计，结果都是相同的，收入越高，游客的支付意愿越大。满意度对支付意愿具有正向的影响，所有方法也得出一致的结论，但只有在Tobit Ⅱ模型的第二步

的支付意愿值的回归中才表现出显著的影响。利用其他方法得出的结果都不显著。旅游经历对支付意愿的影响也都为正，但都不显著。这说明本调查的问卷设计和调查过程是有效的、稳定的，不存在信息偏差。游客对本调查支付意愿的陈述是理智的。

游客的社会经济特征变量中，对于年龄构成，21 ～ 60 岁的游客支付意愿显著低于 20 岁以下的游客和 61 岁以上的游客的支付意愿，可能原因是 20 岁以下的游客一般为学生，经济没有独立，没有感受到经济压力，而 61 岁以上的游客一般子女已经独立，不需要负担，消费相对随意，21 ～ 60 岁的游客家庭负担最大，消费比较谨慎。学历构成中，中专及以下、研究生等学历的游客的支付意愿显著低于大专和本科的游客的支付意愿。职称构成中，低级职称的游客的支付意愿显著低于中级和高级职称的游客的支付意愿。

从各种估计方法对平均支付意愿的估计值的结果（见表 8-9）来看，利用不同方法所估计的游客平均支付意愿的估计值相对比较稳定。总体上来看，可以归纳出如下特征：第一，利用下边界非参数方法估计的平均支付意愿与利用参数方法中的区间对数、区间 Normal 得到的平均支付意愿相近，相对较低。但利用上边界非参数和中位值非参数方法估计的平均支付意愿与利用 Tobit I、Tobit II 参数方法估计的平均支付意愿相近，相对较高。第二，利用区间方法估计的结果小于利用 Tobit 方法估计的结果。第三，利用参数方法与非参数方法估计的结果相差较小，利用非参数方法中的上边界法得到的平均支付意愿最高，为 44.00，而利用区间 Log-Normal 模型估计的平均支付意愿最低，为 31.38。平均支付意愿的最高值（44.00）仅仅是平均支付意愿的最低值（31.38）的 1.40 倍。这一差异远远低于 CVM 估计结果与 TCM 估计结果之间的差异。因此利用 CVM 不同估计方法得出的结果相对比较稳定。与相关研究相比，福州国家森林公园游客人均支付意愿值与太白山国家森林公园人均意愿支付值相当（赵玲 等，2009），但却低于武陵源国家森林公园（成程，2013；张茵，2010）、九寨沟国家森林公园（张茵，2010；董雪旺，2011）。

表 8-9　不同方法下支付意愿期望值的估计结果比较

模型估计方法	模型样本量	支付意愿与影响因素关系	E（WTP）	阶跃概率 ρ	折算后
非参数方法	327		下边界：34.86 中位值：39.43 上边界：44.00		
区间 Normal 模型	327	线性	34.51		
区间 Log-Normal 模型	269	对数线性	38.15	17.74%	31.38
Tobit I 模型	327	线性	40.88		
Tobit II 模型（线性）	327	线性	36.12		
Tobit II 模型（对数线性）	269	对数线性	46.07	17.74%	37.90

总之，利用 CVM 对游客的支付意愿进行评价中，游客所陈述的支付意愿基本是理智的，在对调查内容和调查方式进行严格设计下，游客所陈述的支付意愿与理论是相一致的，与人们的一般预期是相一致的，具有理论有效性、内容有效性，评价结果具有稳定性。平均支付意愿的评估结果也相对稳定，不因不同参数估计方法的不同出现大的波动。

第9章　二分式引导技术下平均支付意愿估计

由于二分式引导技术只需要被调查者回答“是”或“否”，此引导技术灵活性较高，信息获取能力较强，不易出现受访者对问题回避的现象，有利于偏差规避，可较为真实地获取受访者的支付意愿，近年来应用越来越广泛。二分式引导技术下，平均支付意愿不能利用非参数方法估计，只能利用参数方法，估计方法相对复杂。二分式引导技术又分为单边界二分式和双边界二分式。本章利用福州国家森林公园的调查数据，实证说明二分式引导技术下如何进行平均支付意愿的估计。

9.1　问卷设计与调查过程

根据CVM的支付意愿，本研究设计了一个假想市场：福州国家森林公园运行的维护费用需要大家共同承担，您是否愿意支付一定的维护费用？根据支付卡引导技术的问卷调查情况，以及预调查的结果，确定出6组合理的支付意愿投标值，如表9-1所示。问卷分为3个部分：第一部分是被调查者的社会基本特征调查，与支付卡引导技术调查问卷相同，具体包括性别、年龄、家庭人口数、文化程度、职业、职称、月收入、来源地和居住地；第二部分是被调查者对福州国家森林公园的满意度调查；第三部分是支付意愿调查，首先询问其是否愿意为福州国家森林公园运行支付一定的维护费用，如果不愿意则进一步追问不愿意支付的原因，如果愿意支付则通过双边界二分式引导其回答支付意愿，具体的引导技术核心问题如图9-1所示。首先随机给出一个初始投标值：如果被访游客回答“愿意”，则再给出较高投标值；如果被访游客回答“不愿意”，则再给出较低投标值。较高投标值为初始投标值的2倍，较低投标值为初始投标值的 1/2。

此次调查采用面对面的问卷调查方式，课题组成员于 2017 年 4 月 5 日在福州国家森林公园进行预调查,合理确定初始投标值,以及对调查者进行充分培训、调查前对调查内容进行介绍和充分解释模拟市场等措施尽量避免双边界二分式 CVM 在运用中的投标值偏差、调查者偏差、信息偏差和假想偏差等。2017 年 5 月 1 日—3 日和 2017 年 10 月 1 日—5 日于福州国家森林公园进行正式的实地调研。问卷共发放 800 份，回收 758 份，其中有效问卷为 714 份，占总问卷的 89.25%。

表 9-1　双边界二分式 CVM 的投标值设置方案

支付方案	初始投标值 / 元	较高投标值 / 元	较低投标值 / 元
1	10	20	5
2	20	40	10
3	30	60	15
4	40	80	20
5	50	100	25
6	60	120	30

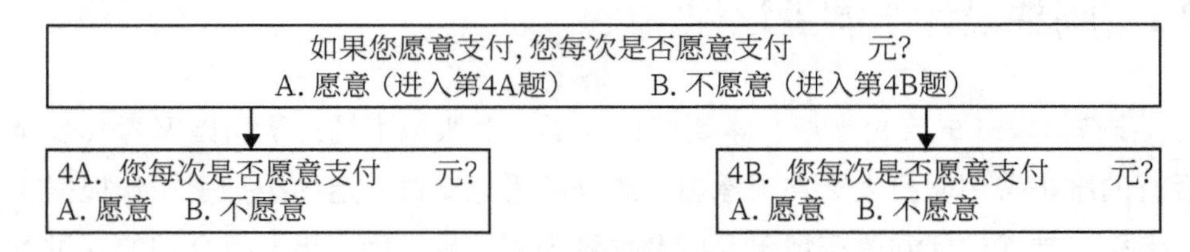

图 9-1　双边界二分式引导技术核心问题

9.2　样本的统计描述

9.2.1　样本构成

基于对 714 份有效问卷的整理，游客的社会经济特征如表 9-2 所示。游客的性别构成基本符合人口构成结构，说明该公园的产品属中性，没有性别取向。游客年龄主要集中于 21 ～ 40 岁之间，约占总体的 65%，余下的 35% 中，20 岁以下的游客与 41 ～ 60 岁之间的游客比例基本持平。家庭构成主要为 3 口之家或4口之家，占总人数的71.15%。5～6人的家庭，占23.67%，单身、无孩双人家庭较少，无7人以上的超大家庭。游客的文化程度以大专或本科为主，占到总样本量的64.15%，其次是高中或中专，占19.33%。从职业来看，构成比较分化，有工作的人员（包括行政事业单位人员、企业人员和自由职业者）超过总样本数的一半（55.6%），学生、家庭主妇、退休人员等无工作者占到总数的44.4%。从职称构成来看，一半以上的游客没有职称（58.12%），有职称的游客中，以中级职称为主，占到总样本的23.25%，高级职称较少。游客的月收入中，2 001～6 000元之间的较多，占到总游客量的47.9%。其次是2 000元以下的样本，占到总游客量的33.05%，这与较多的学生游客有关。从来源地来看，主要为福建省内游客，占总量一半的游客为福州市民，省外游客只占到总游客量的16.39%。从居住地来看，以市区居民为主，占到总样本量的63.87%，来自市郊和农村的游客相对较少，且市郊游客占比略高于农村游客，农村游客相对较少，只占到总样本量的15.69%。

表9-2　游客社会经济特征变量的描述统计

变量名称	变量构成	频数/人	频率/%	小计/（人/%）
性别	男	378	52.94	714/100
	女	336	47.06	
年龄	20岁以下	107	14.99	714/100
	21～40岁	464	64.99	
	41～60岁	113	15.83	
	61岁以上	30	4.20	
家庭人口	1～2人	37	5.18	714/100
	3～4人	508	71.15	
	5～6人	169	23.67	
	7人以上	0	0	
文化程度	初中以下	57	7.98	714/100
	高中与中专	138	19.33	
	大专或本科	458	64.15	
	研究生	61	8.54	
职业	政府及事业单位	84	11.76	714/100
	企业单位	217	30.39	
	退休人员	205	28.71	
	学生	112	15.69	
	其他	96	13.45	

续表

变量名称	变量构成	频数 / 人	频率 / %	小计 / （人 /%）
职称	高级	41	5.74	714/100
	中级	166	23.25	
	初级	92	12.89	
	无职称	415	58.12	
月收入	2 000 元以下	236	33.05	714/100
	2 001 ～ 4 000 元	168	23.53	
	4 001 ～ 6 000 元	174	24.37	
	6 001 ～ 8 000 元	57	7.98	
	8 001 ～ 10 000 元	46	6.44	
	10 000 元以上	33	4.62	
来源地	福州市	358	50.14	714/100
	福建省其他地区	233	32.63	
	福建省以外	117	16.39	
居住地	市区	456	63.87	714/100
	市郊	146	20.45	
	农村	112	15.69	

9.2.2 游客出游行为特征

下面从游客满意度、游览次数（熟悉程度）、支付意愿三个方面对游客出游特征进行分析。

（1）游客满意度。用“非常满意”“满意”“一般”“不满意”和“非常不满意”五个维度对游客景区满意度进行调查，结果见图 9-2。

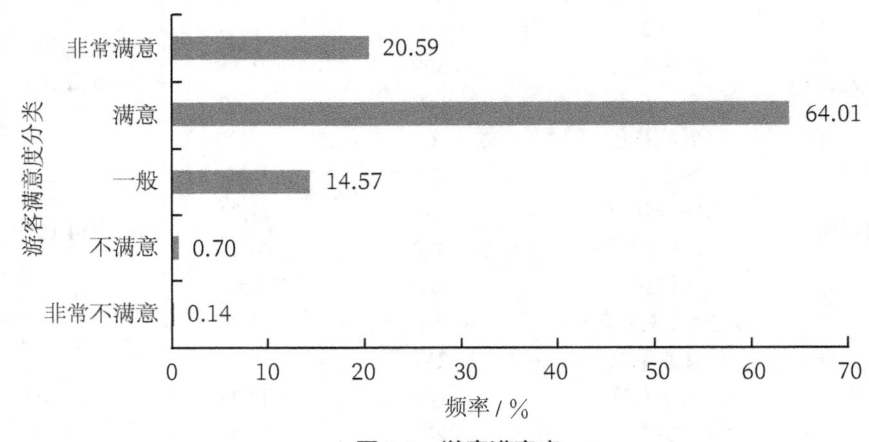

图 9-2 游客满意度

总体来看，游客对于在福州国家森林公园中的满意感知度较高，满意率为 84.6%，其中非常满意占样本总数的 20.59%；不满意的人数只有 6 人，不满意率仅为 0.7%。非常不满意的游客只有 1 人。在影响满意度的因素中，不满意和非常不满意的调查者选择较多的是卫生条件、娱乐设施和服务质量。因此，景区可以通过改善卫生环境、增加娱乐设施以及提升森林公园的服务质量来提高游客整体的满意度。

（2）游客对评估景区的熟悉程度（游览次数）。从游览次数上来看，游客到国家森林公园的平均游览次数为 2.57 次。第一次来福州国家森林公园的游客和来福州国家森林公园 5 次以上的游客人数最多，占样本总数的 60.51%。第一次来福州国家森林公园的游客有 272 人，占比为 38.1%，这部分游客主要来自省外以及福建省距离福州国家森林公园较远的市县。而游览福州国家森林公园 5 次以上的游客主要为福州市内的游客，占比达到 22.41%（见图 9-3）。

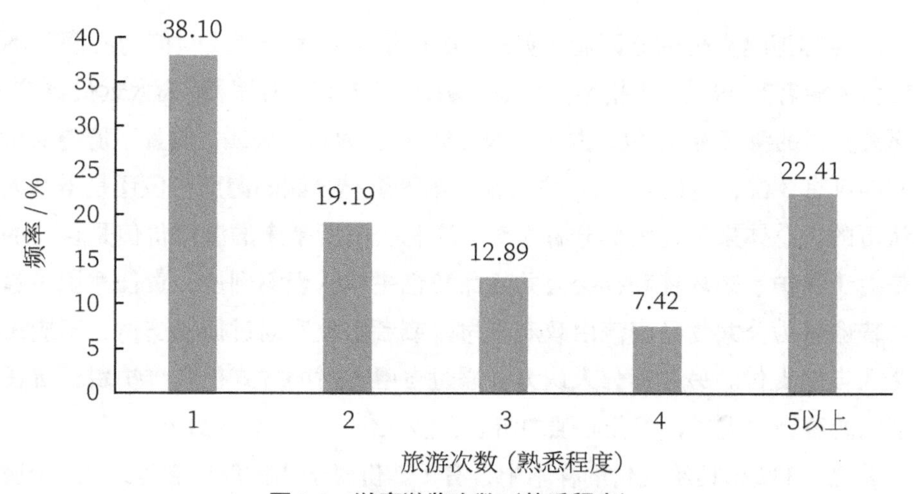

图 9-3　游客游览次数（熟悉程度）

（3）游客的支付意愿。从支付意愿来看，382 位游客愿意对森林公园环境质量的改善进行支付，占游客总数的 53.50%。拒绝支付的游客有 332 位，占总游客数的比率为 46.50%，拒绝率较高（见图 9-4）。正如在发展中国家所做的研究显示，由于资金流向不明以及公众对政府的不信任导致抗议支付率普遍较高（董雪旺，2011），也可能是受访者对 CVM 的实施过程不熟悉或对于自愿捐助方式不习惯造成的。

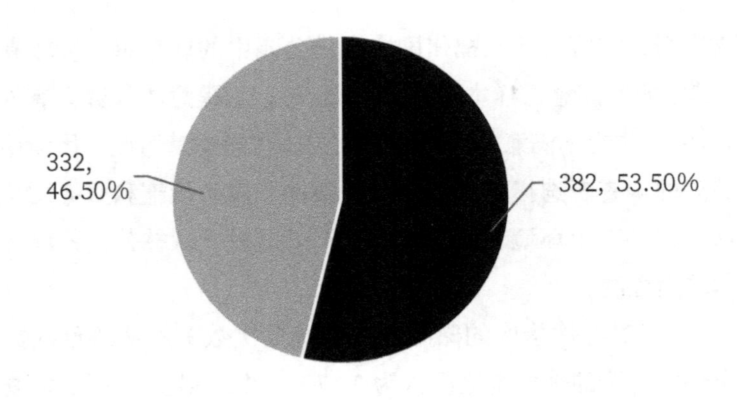

图 9-4　游客的支付意愿

9.2.3 拒绝支付分析

从游客拒绝支付的原因看（如表 9-3 所示）：由于“支付能力有限”不愿意支付的游客有 59 位，占拒绝支付总人数的 17.77%；因为“距离太远受益较小”不愿意支付的游客有 50 位，占比为 15.06%；认为森林公园“质量不值得支付”的游客仅有 3 位，占比 0.9%，说明福州国家森林公园的游憩价值还是得到人们的认可的。总体来说，大部分游客对于森林公园所带来的游憩价值是认可的，但是对于保护生态环境和社会公共物品角色主体认识不到位，责任意识不够强烈。普遍认为公共物品应该由政府支付，或者由政府通过征税支付，不应该再由个人自愿支付。另一部分人认为，通过自愿支付的方式征收维护费，责任心不强的游客会少支付，责任心强的游客会多支付，这样会导致不公平。

总之，332 份拒绝支付的样本中，有 112 份属于非抗议性支付，220 份属于抗议性支付，在单边界二分式引导技术下，把属于非抗议支付的 112 份归入“不愿意”类型，在双边界二发式引导技术下，把属于非抗议支付的 112 份归入“不愿意、不愿意”类型。这样，用于二分式估计的样本总量共 494 份，抗议率为 30.8%，占比偏高。

表 9-3 拒绝支付原因频数分布表

拒绝支付类型	拒绝支付原因	频数 / 人	频率 / %	累计频率 / %
非抗议支付	个人经济能力有限，无力支付	59	17.77	33.74
	福州国家森林公园距离自己居住地太远，受益较小	50	15.06	
	本人认为森林公园质量不值得支付	3	0.90	
抗议支付	应由政府支付	158	47.59	66.26
	已纳税拒绝再次支付	62	18.67	
	总计	332	100	100

9.3 单边界二分式引导技术下的估计

9.3.1 支付意愿的分类统计描述

单边界二分式下，调查者仅有一次出价过程，被访者只有两种选择“是”或“否”。因此，在给定标价后，被访者的支付意愿分为两类“愿意”“不愿意”。由于问卷共设计 6 组初始出价值，因此，被访者的支付意愿共分为 6 组，如表 9-4 所示。

表 9-4 单边界二分式引导技术下的支付意愿统计

问卷类型	初始投标值 / 元	支付意愿				总计	
		愿意（频数）/ 人	愿意（频率）/ %	不愿意（频数）/ 人	不愿意（频率）/ %	频数 / 人	频率 / %
A	10	44	52.38	40	47.62	84	100
B	20	45	50.00	45	50.00	90	100
C	30	31	35.23	57	64.77	88	100
D	40	30	31.58	65	68.42	95	100
E	50	32	38.10	52	61.90	84	100
F	60	16	30.19	37	69.81	53	100
总计		198	-	296	-	494	-

从各组问卷的愿意支付频率来看，随着初始投标值的增加，基本符合投标值越高，愿意支付的频率越低，不愿意支付的频率越高。但是最低投标值的愿意支付率仅为 52.38%，而最高支付值的不愿意支付率仅为 69.81%，因此，问

卷虽然基本满足要求，但最低投标值和最高投标值不太合理。

9.3.2 支付意愿为线性模型时的 Probit 估计

设被访者支付意愿值与其影响因素的关系为线性关系，即

$$WTP_i = x'\beta - \quad (5\text{-}4)$$

x' 包括游客满意度、旅游经历、收入及其他社会经济特征变量，具体量化方法如表 9-5 所示。

表 9-5 式（5-4）中解释变量的量化方法

解释变量	变量名	变量类型	计量方法
sat	满意度	定量变量	非常满意 ,5；满意 ,4；一般 ,3；不满意 ,2；非常不满意 ,1
ex1	旅游经历 1	虚拟变量	5 次以上 ,1；其他 ,0
ex2	旅游经历 2	虚拟变量	1 次 ,1；其他 ,0
gen	性别	虚拟变量	男 ,1；女 ,0
age1	年龄 1	虚拟变量	21 ～ 40 岁 ,1；其他 ,0
age2	年龄 2	虚拟变量	41 ～ 60 岁 ,1；其他 ,0
fp	家庭人口	虚拟变量	3 ～ 4 人 ,1；其他 ,0
edu1	教育程度 1	虚拟变量	高中与中专 ,1；其他 ,0
edu2	教育程度 2	虚拟变量	大专与本科 ,1；其他 ,0
edu3	教育程度 3	虚拟变量	研究生 ,1；其他 ,0
occ	职业	虚拟变量	行政事业单位人员和企业单位人员，1；其他 ,0
prof1	职称 1	虚拟变量	高级 ,1；其他 ,0
porf2	职称 2	虚拟变量	中级 ,1；其他 ,0
prof3	职称 3	虚拟变量	初级 ,1；其他 ,0
inc	月收入	离散变量	2 000 元以下 ,1；2 001 ～ 4 000 元 ,2；4 001 ～ 6 000 元 ,3；6 001 ～ 8 000 元 ,4；8 001 ～ 10 000 元 ,5；10 000 元以上 ,6
ori1	来源地 1	虚拟变量	福州市 ,1；其他 ,0
ori2	来源地 2	虚拟变量	福建省内 ,1；其他 ,0
zon1	居住地 1	虚拟变量	市区 ,1；其他 ,0
zon2	居住地 2	虚拟变量	市郊 ,1；其他 ,0

假设μ_i服从正态分布，$\mu_i : N(0,\sigma^2)$，需要利用Probit模型对参数进行估计。对于第i个被访者，假设随机给出的标价为b_i，则被访者愿意支付b_i的概率为

$$
\begin{aligned}
P(\text{yes}) &= P(\text{WTP}_i \geqslant b_i) = P(x_i'\beta + \mu_i \geqslant b_i) \\
&= P(\mu_i \geqslant b_i - x_i'\beta) \\
&= P\left(\frac{\mu_i}{\sigma} \geqslant \frac{b_i - x_i'\beta}{\sigma}\right) \\
&= 1 - P\left(\frac{\mu_i}{\sigma} < \frac{b_i - x_i'\beta}{\sigma}\right) \\
&= 1 - \Phi\left(\frac{b_i - x_i'\beta}{\sigma}\right) = \Phi\left(\alpha^* b_i + x_i'\beta^*\right)
\end{aligned}
\qquad (9\text{-}1)
$$

$$
\begin{aligned}
P(\text{no}) &= 1 - P(\text{yes}) \\
&= 1 - \Phi\left(\alpha^* b_i + x_i'\beta^*\right)
\end{aligned}
$$

式中，$\alpha^* = -\dfrac{1}{\sigma}$，$\beta^* = \dfrac{\beta}{\sigma}$，$\Phi(z)$为标准正态分布累积分布函数。

利用Probit模型对参数进行估计，得到$\hat{\alpha}^*$、$\hat{\beta}^*$，如表9-6所示。

表9-6 单边界二分式Probit模型参数估计结果

解释变量	回归系数	稳健标准差	z统计值	$P>\|z\|$
b	−0.011 6***	0.003 8	-3.02	0.003
sat	0.282 0***	0.106 5	2.65	0.008
inc	0.119 4*	0.069 0	1.73	0.084
expl	−0.175 4	0.163 7	−1.07	0.284
exp2	0.037 3	0.148 2	0.25	0.801
oril	−0.152	0.170 5	−0.89	0.372
ori2	−0.234 5	0.174 7	−1.34	0.179
occ	0.513 9*	0.304 8	1.69	0.092
inc × occ	−0.092 4	0.103 9	−0.89	0.374
gen	−0.210 9*	0.123 2	−1.71	0.087
agel	−0.161 8	0.166 5	−0.97	0.331
age2	−0.123 2	0.219 2	−0.56	0.574
fp	0.023 73	0.131 9	0.18	0.857
edul	−0.272 1	0.257 7	−1.06	0.291
edu2	−0.216 9	0.245 0	−0.89	0.376
edu3	−0.368 7	0.341 0	−1.08	0.280
prol	0.164 8	0.314 1	0.52	0.600
pro2	−0.051 5	0.159 4	−0.32	0.747
zonl	0.302 2*	0.182 4	1.66	0.097
zon2	0.208 3	0.201 2	1.04	0.301
cons	−1.014 4*	0.570 3	−1.78	0.075
Pseudo R^2=0.063 9；Log pseudo likelihood = −311.360 9；Wald chi2(20)=37.95***				

注：* 表示在10%水平显著；** 表示在5%水平显著；*** 表示在1%水平显著。

从表9-6可知，模型在0.01水平上显著，说明模型可以接受。从单个参数来看，投标值（*b*）对游客的支付意愿具有显著的负向影响，投标价越高，人们愿意支付的意愿越低，这与经济理论是一致的。收入对支付意愿具有显著的正向影响，同样与理论预期一致，收入越高，游客的支付意愿越高。满意度对支付意愿具有显著的正向影响，满意度越高，游客支付意愿越高。这些变量的回归结果说明问卷具有较高的理论效度。旅游经历对游客支付意愿的影响中，到福州国家森林公园5次以上的游客比2～4次的游客具有较低的支付意愿，而首次到福州国家森林公园旅游的游客比2～4次的游客具有较高的支付意愿，说明旅游次数越多，支付意愿越低，但是差异并不显著。这说明旅游次数并没有影响游客对福州国家森林公园的支付意愿。

其他控制变量中，来源地对游客的支付意愿没有显著影响，但来自福州市的游客和福建省内的游客的支付意愿反而低于来自福建省外的游客的支付意愿。性别因素中，男性游客的支付意愿显著低于女性游客。年龄对支付意愿的影响虽然不显著，但21～60岁的游客的支付意愿低于20岁以下的游客和61岁以上的游客，说明有工作的游客生活压力更大，花钱更谨慎。家庭人口对游客的支付意愿也没有显著影响，但3～4人的家庭的支付意愿会高于其他1～2人和5人以上的家庭的支付意愿。教育和职称对游客支付意愿的影响也都不显著。职业因素中，有稳定工作（包括在政府部门和企事业单位）的游客的支付意愿显著高于工作不稳定的游客和无工作的游客，这说明有稳定工作的游客责任意识更强。但收入与职业对支付意愿的交互影响却是负的，说明来自固定工资的收入对支付意愿的影响弱于来自非工资的收入。从居住地来看，居住在市区的游客的支付意愿显著高于居住在市郊和农村的游客，但居住在市郊和农村的游客支付意愿没有显著区别。

表9-6的回归结果也显示，旅游次数对游客的支付意愿的影响虽然为正，但不显著。这说明虽然人们到福州国家森林公园旅游的次数不同，但对福州国家森林公园游憩价值的熟悉程度是相同的，因此，不会出现因为游客对福州国家森林公园信息了解的不同而导致支付意愿的不同，有效规避了信息偏差。游客来源地同样对支付意愿不存在显著影响，同样说明游客不会因为距离福州国家森林公园的远近而导致了解森林公园的信息的差异，因此来源地距离不会对支付意愿产生影响。不存在信息差异的原因主要是由于本调查采取了有效规避

信息偏差的措施：一是对游客进行面对面的田野调查，而不是在网上对游客进行调查，规避了回忆导致的信息偏差；二是在游客结束福州国家森林公园行程之后离开时再填写调查问卷，同时在填写前由调查人员咨询其是否全面了解了福州国家森林公园的旅游资源和游憩项目，以确保所有受访游客都全面掌握福州国家森林公园游憩价值的所有信息。总之，旅游次数和来源地两个变量的回归结果说明，游客对福州国家森林公园的熟悉程度是相同的，问卷不存在信息偏差，问卷内容具有一致性。

根据表 9-6 的估计结果，得到式（5-4）中对支付意愿具有显著影响的变量的参数估计值，如表 9-7 所示。

表 9-7　利用 Probit 模型估计得到的式（5-4）中参数估计值与均值

变量代码	变量名	回归系数	平均值
sat	满意度	24.247 5	4.076 9
inc	收入	10.266 5	2.321 9
occ	职业	44.188 0	0.396 8
gen	性别	−18.136 8	0.508 1
zon1	居住市区	25.986 6	0.615 4
cons		−87.220 5	

由此计算出平均支付意愿的估值为

$$\begin{aligned}E(\text{WTP}) = &24.2475\times4.0769+10.2665\times2.3219+44.1880\times0.3968-\\&18.1368\times0.5081+25.9866\times0.6154-87.2205\\=&59.78\end{aligned}$$

9.3.3　支付意愿为线性模型时的 Logit 估计

假设支付意愿与其影响因素的关系仍然为线性模型如式（5-4），但 μ_i 服从逻辑分布（logistic distribution），期望值为 0，方差为 $\pi^2\tau^2/3$，则需要利用 Logit 模型对参数进行估计。模型中变量的量化与 Probit 模型相同。对于第 i 个被访者，假设随机给出的标价为 b_i，则被访者愿意支付 b_i 的概率为

$$P(\text{yes})=p=P(\text{WTP}_i^*\geqslant b_i)=P(x_i'\beta+\mu_i\geqslant b_i)$$
$$=P(\mu_i\geqslant b_i-x_i'\beta)$$
$$=P(\frac{\mu_i}{\tau}\geqslant\frac{b_i-x_i'\beta}{\tau})=1-P(\frac{\mu_i}{\tau}\leqslant\frac{b_i-x_i'\beta}{\tau})$$
$$=1-F(\frac{b_i-x_i'\beta}{\tau})=\Lambda(\alpha^*b_i+x_i'\beta^*)$$

式中，$\alpha^*=-\frac{1}{\tau}$，$\beta^*=\frac{\beta}{\tau}$，$\Lambda(z)$ 为标准逻辑分布累积分布函数，$\Lambda(z)=1-[1+\exp(z)]^{-1}$。

$$P(\text{no})=1-p=1-\Lambda(\alpha^*b_i+x_i'\beta^*)$$
$$\ln(\frac{p}{1-p})=\alpha^*b_i+x_i'\beta^*$$

利用 Logit 模型参数估计方法，得到 $\hat{\alpha}^*$、$\hat{\beta}^*$，如表 9-8 所示。

表 9-8 单边界二分式 Logit 模型参数估计结果

解释变量	回归系数	稳定标准差	z 统计值	P>|z|
b	−0.019 5***	0.006 4	−3.04	0.002
sat	0.466 2***	0.178 1	2.62	0.009
inc	0.199 4*	0.113 0	1.76	0.078
expl	−0.289 3	0.269 4	−1.07	0.283
exp2	0.066 5	0.243 9	0.27	0.785
oril	−0.246 0	0.275 9	−0.89	0.373
ori2	−0.395 0	0.288 2	−1.37	0.170
occ	0.845 2*	0.501 2	1.69	0.092
inc × occ	−0.154 9	0.170 6	−0.91	0.364
gen	0.338 0*	0.201 7	−1.68	0.094
agel	−0.264 7	0.276 9	−0.96	0.339
age2	−0.192 2	0.359 2	−0.54	0.593
fp	0.040 4	0.216 6	0.19	0.852
edul	−0.444 3	0.422 0	−1.05	0.292
edu2	−0.346 2	0.403 9	−0.86	0.391
edu3	−0.623 1	0.565 7	−1.10	0.271
prol	0.268 2	0.518 8	0.52	0.605
pro2	−0.089 8	0.260 2	−0.34	0.730
zonl	0.497 3*	0.305 1	1.63	0.103
zon2	0.351 6	0.336 1	1.05	0.295
cons	−1.683 1	0.956 2	−1.76	0.078
Pseudo R^2=0.064 3；Log pseudo likelihood = −311.241 2；Wald chi2(20)=35.80***				

注：* 表示在 10% 水平显著；** 表示在 5% 水平显著；*** 表示在 1% 水平显著。

比较表9-8和表9-6可知，Logit模型估计方法与Probit模型估计结果相似。投标值（b）、满意度（sat）、收入（inc）等变量的回归系数符号都符合预期，与经济理论一致，且都显著。旅游经历（exp1，exp2）、来源地（ori1，ori2）对支付意愿的影响都不显著。另外，职业（occ）、性别（gen）、居住地（zon1）对支付意愿的影响都显著。

根据表9-8的估计结果，得到式（5-4）中对支付意愿具有显著影响的变量的参数估计值，如表9-9所示。

表9-9　利用Logit模型估计得到的式（5-4）中参数估计值与均值

变量代码	变量名	回归系数	平均值
sat	满意度	23.957 7	4.076 9
inc	收入	10.246 8	2.321 9
occ	职业	43.437 6	0.396 8
gen	性别	−17.372 6	0.508 1
zon1	居住市区	25.559 3	0.615 4
cons		−86.504 5	

由此计算出平均支付意愿的估值为

$$
\begin{aligned}
E(\text{WTP}) =& 23.9577\times 4.0769+10.2468\times 2.3219+43.4376\times 0.3968-\\
& 17.3726\times 0.5081+25.5593\times 0.6154-86.5045\\
=& 59.10
\end{aligned}
$$

9.4　双边界二分式引导技术下的Oprobit估计

9.4.1　支付意愿的分类统计描述

双边界二分式下，调查者有两次出价过程，第一次出价后，受访游客有两种选择，“愿意”或“不愿意”。如果第一次出价后受访者选择“愿意”，第二次出价为第一次的2倍，受访者仍有两种选择，“愿意”或“不愿意”；如果第一次出价后受访者选择“不愿意”，则第二次的出价为第一次的1/2，受访者选择“愿意”或“不愿意”。由于问卷共设计6组初始出价值（投标值），因此，被访者的支付意愿共分为6组，如表9-10所示。

最小投标值的支持率越接近100，最大投标值的支持率越接近0，说明样本投标值设计越合理。从表 9-10 可知，对于最小投标值 5 元，被调查者支持率为 60%，说明投标值偏大。而对于最大投标值 120 元，被调查者的支持率仅为 6.26%，接近于 0，说明最大投标值设计较为合理。从各组分布来看，“愿意—愿意”的频率基本随着投标值的增加而减少，而“不愿意—不愿意”的频率随着投标值的增加而增大，说明投标值区间的设计较为合理。因此，整体上来看，投标值的设计基本合理。

表 9-10 双边界二分式引导技术下的支付意愿统计

组别	愿意—愿意（yy）		愿意—不愿意（yn）		不愿意—愿意（ny）		不愿意—不愿意（nn）		合计	
	频数/人	频率/%	频数/人	频率/%	频数/人	频率/%	频数/人	频率/%	频数/人	频率/%
A（10,20,5）	27	32.14	17	20.24	24	28.57	16	19.05	84	100
B（20,40,10）	20	22.22	25	27.78	21	23.33	24	26.67	90	100
C（30,60,15）	10	11.36	21	23.86	25	28.41	32	36.36	88	100
D（40,80,20）	7	7.37	23	24.21	25	26.32	40	42.11	95	100
E（50,100,25）	13	15.48	19	22.62	16	19.05	36	42.86	84	100
F（60,120,30）	1	1.89	15	28.30	9	16.98	28	52.83	53	100
合计	78	—	120	—	120	—	176	—	494	—

9.4.2 模型构建

设支付意愿 WTP 与影响因素的关系为线性关系，则

$$\mathrm{WTP} = x'\beta + \mu$$

μ 服从正态分布，$\mu : N(0, \sigma^2)$，x' 为解释变量，与单边界二分式模型相同，各个变量的具体量化方法同单边界二分式模型。

根据第 5 章对双边界二分式引导技术下 WTP 估值的理论分析，在经过两次询价后，整个实数区间被分为四个区间：$(-\infty, b_i^{\mathrm{L}})$、$[b_i^{\mathrm{L}}, b_i)$、$[b_i, b_i^{\mathrm{U}})$、$[b_i^{\mathrm{U}}, \infty)$。

设 b_i 为对第 i 个受访者的第一次询价，如果受访者选择“是”，则第二次的询价为 $b_i^U(b_i^U>b_i)$。如果被访者选择“否”，则第二次的询价为 $b_i^{\mathrm{L}}(b_i^{\mathrm{L}}<b_i)$。

用 π_i 表示被访者的选择，则被访者的每一选择对应着其真实的最大 WTP 值位于四个区间中的一个。用概率表示为

$$
\begin{cases}
P(\text{nn}=1)=P(\text{WTP}_i<b_i^{\text{L}})=\Phi(\dfrac{b_i^{\text{L}}-x_i'\beta}{\sigma})=1-\Phi(\alpha^* b_i^{\text{L}}+x_i'\beta^*) \\
P(\text{ny}=1)=P(b_i^{\text{L}}\leqslant \text{WTP}_i<b_i)=\Phi(\alpha^* b_i^{\text{L}}+x_i'\beta^*)-\Phi(\alpha^* b_i+x_i'\beta^*) \\
P(\text{yn}=1)=P(b_i\leqslant \text{WTP}_i<b_i^{\text{U}})=\Phi(\alpha^* b_i+x_i'\beta^*)-\Phi(\alpha^* b_i^{\text{U}}+x_i'\beta^*) \\
P(\text{yy}=1)=P(\text{WTP}_i>b_i^{\text{U}})=1-\Phi(\alpha^* b_i^{\text{U}}-x_i'\beta^*)=\Phi(\alpha^* b_i^{\text{U}}+x_i'\beta^*)
\end{cases}
\quad (9\text{-}2)
$$

式中，$\alpha^*=-\dfrac{1}{\sigma}$，$\beta^*=\dfrac{\beta}{\sigma}$，$\Phi(z)$ 为标准正态分布累积分布函数。

9.4.3　参数估计

利用有序 Probit 模型对式 9-2 中的参数进行估计，结果如表 9-11 所示。

表 9-11　有序 Probit 模型参数估计结果

解释变量	回归系数	稳定标准差	z 统计值	$P>\|z\|$
b	−0.016 9***	0.003 3	5.09	0.000
sat	−0.006 5	0.111 6	0.06	0.953
inc	0.121 6*	0.067 0	1.82	0.069
expl	−0.030 6	0.293 0	0.10	0.917
exp2	−0.013 3	0.220 6	0.06	0.952
oril	−0.032 9	0.112 0	0.29	0.769
occ	0.434 7*	0.260 0	1.67	0.095
inc × occ	−0.090 5	0.087 4	1.04	0.300
gen	−0.077 6	0.103 8	0.75	0.455
agel	−0.208 4	0.145 9	1.43	0.153
age2	−0.171 0	0.189 5	0.90	0.367
fp	−0.071 7	0.108 6	0.66	0.509
edul	−0.169 3	0.231 0	0.73	0.464
edu2	−0.223 2	0.214 3	1.04	0.298
edu3	−0.173 8	0.258 4	0.67	0.501
prol	0.162 0	0.252 4	0.64	0.521
pro2	−0.035 3	0.129 9	−0.27	0.786
zonl	0.376 4*	0.162 1	2.32	0.020
zon2	0.222 3	0.183 7	1.21	0.226
/ cutl	−0.798 0	0.429 3		
/ cut2	−0.154 3	0.430 2		
/ cut3	0.640 5	0.435 4		
Pseudo R^2=0.040 6；Log pseudo likelihood = −637.035 8；Wald chi2(19)=55.95***				

注：* 表示在 10% 水平显著；** 表示在 5% 水平显著；*** 表示在 1% 水平显著。

从表9-11可知，投标值对支付意愿具有显著的负向影响，而收入对支付意愿具有显著的正向影响，说明模型回归结果具有理论效度。但满意度对支付意愿的影响不再显著，且为负值。旅游经历对支付意愿的影响仍然不显著，说明不存在信息偏差。在政府部门和企事业单位工作的游客的支付意愿显著高于其他职业类型和无工作的游客的支付意愿。性别对支付意愿的影响不再显著。居住在市区的参数对支付意愿仍然具有显著的正向影响。

9.4.3 平均支付意愿估值

根据表9-11的结果，计算出式（5-4）中的参数和对应变量的平均值，如表9-12所示。

表9-12 利用Oprobit模型估计得到的式（5-4）中参数估计值与均值

变量代码	变量名	回归系数	平均值
inc	收入	7.17	2.32
occ	职业	25.63	0.40
zon1	居住市区	22.19	0.62

利用表9-12的数据，得到平均支付意愿估计值为

$$\begin{aligned}E(\mathrm{WTP}) &= 7.17\times 2.32+25.63\times 0.40+22.19\times 0.62\\ &= 40.78\end{aligned}$$

9.5 双边界二分式引导技术下的Ologit估计

如果支付意愿与其影响因素的关系仍然为线性模型如式（5-4），但μ_i服从逻辑分布（logistic distribution），期望值为0，方差为$\pi^2\tau^2/3$，则式（9-2）模型变为式（9-3）形式。

$$\begin{cases}P(\mathrm{nn}=1)=P(\mathrm{WTP}_i<b_i^{\mathrm{L}})=\Lambda(\dfrac{b_i^{\mathrm{L}}-x_i'\beta}{\sigma})=1-\Lambda(\alpha^*b_i^{\mathrm{L}}+x_i'\beta^*)\\ P(\mathrm{ny}=1)=P(b_i^{\mathrm{L}}\leqslant \mathrm{WTP}_i<b_i)=\Lambda(\alpha^*b_i^{\mathrm{L}}+x_i'\beta^*)-\Lambda(\alpha^*b_i+x_i'\beta^*)\\ P(\mathrm{yn}=1)=P(b_i\leqslant \mathrm{WTP}_i<b_i^{\mathrm{U}})=\Lambda(\alpha^*b_i+x_i'\beta^*)-\Lambda(\alpha^*b_i^{\mathrm{U}}+x_i'\beta^*)\\ P(\mathrm{yy}=1)=P(\mathrm{WTP}_i>b_i^{\mathrm{U}})=1-\Lambda(\alpha^*b_i^{\mathrm{U}}-x_i'\beta^*)=\Lambda(\alpha^*b_i^{\mathrm{U}}+x_i'\beta^*)\end{cases} \quad (9\text{-}3)$$

式中，$\alpha^*=-\dfrac{1}{\tau}$，$\beta^*=\dfrac{\beta}{\tau}$，$\Lambda(z)$为标准逻辑分布累积分布函数。

利用 Ologit 模型回归方法，得到结果如表 9-13 所示，回归系数的显著性与利用 Oprobit 方法估计结果基本相同。

表 9-13　有序 Logit 模型参数估计结果

解释变量	回归系数	稳定标准差	z 统计值	P>|z|
b	−0.270 6***	0.005 8	−4.68	0.000
sat	−0.003 5	0.188 4	−0.02	0.985
inc	0.211 1*	0.121 5	1.74	0 .082
expl	−0.076 7	0.495 0	−0.15	0.877
exp2	−0.029 7	0.371 2	−0.08	0.936
oril	−0.051 5	0.186 7	−0.28	0.783
occ	0.724 4*	0.446 7	1.62	0.105
inc × occ	−0.155 8	0.152 2	−1.02	0.306
gen	−0.151 5	0.177 2	−0.86	0.393
agel	−0.343 3	0.243 6	−1.38	0.168
age2	−0.255 1	0.324 7	−0.73	0.432
fp	−0.101 1	0.183 7	−0.55	0.582
edul	−0.279 9	0.403 6	−0.69	0.488
edu2	−0.318 1	0.376 3	−0.84	0.399
edu3	−0.203 8	0.443 6	−0.47	0.636
prol	0.200 5	0.421 4	0.48	0.635
pro2	−0.071 9	0.217 5	−0.33	0.741
zonl	0.664 1*	0.280 7	2.37	0.018
zon2	0.390 2	0.313 6	1.22	0.222
/cutl	−1.176 9	0.744 5		
/cut2	0.127 4	0.746 2		
/cut3	1.216 5	0.758 6		
Pseudo R^2=0.039 8；Log pseudo likelihood = −637.598 8；Wald chi2(19)=51.85***				

注：* 表示在 10% 水平显著；** 表示在 5% 水平显著；*** 表示在 1% 水平显著。

根据表 9-13 的结果，计算出式（5-4）中的参数和对应变量的平均值，如表 9-14 所示。

表 9-14　利用 Olog 模型估计得到的式（5-4）中参数估计值与均值

变量代码	变量名	回归系数	平均值
inc	收入	7.805 1	2.321 9
occ	职业	26.793 4	0.396 8
zon1	居住市区	24.541 4	0.615 4

利用表 9-14 的数据，得到平均支付意愿估计值为

$$
\begin{aligned}
E(\mathrm{WTP}) &= 7.805\,1\times 2.321\,9+26.793\,4\times 0.396\,8+24.541\,4\times 0.615\,4 \\
&= 43.86
\end{aligned}
$$

9.6　二分式引导技术下不同估值方法的比较

前面几节分别在单边界二分式和双边界二分式引导技术下，利用 Probit 模型和 Logit 模型估计了支付意愿的影响因素和平均支付意愿值。从支付意愿的影响因素来看，四个模型的回归系数基本相似。投标值对支付意愿起着显著的负向影响，投标值越大，游客支付意愿越低；收入对支付意愿起着显著的正向影响，游客收入越大，支付意愿越大。投标值、收入与支付意愿的关系与理论一致，说明受访游客在陈述自己的支付意愿时是比较理智的、认真的，调查内容具有理论有效性。其次，游客经历、游客来源地与支付意愿没有显著的关系，说明本调查的问卷设计内容和调查结果没有信息偏差，具有内容有效性。另外，游客的性别、居住地类型、职业等对游客的支付意愿具有显著的影响，四个模型的回归结果也相似。男性游客的支付意愿显著低于女性游客，居住在市区的游客的支付意愿显著高于居住在市郊和农村的游客的支付意愿，在政府部门和企事业单位工作的游客的支付意愿显著高于其他职业类型和无职业的游客的支付意愿。从对平均支付意愿的估值来看，四种估计结果相差并不大，整体来看，单边界二分式估值高于双边界二分式估值（见表 9-15）。具体来看，单边界 Probit 模型估计的平均支付意愿值最大，双边界 Probit 模型估计的平均支付意愿值最小，但最大值（59.78）仅仅是最小值（40.78）的 1.47 倍。

表 9-15 单边界与双边界估值结果比较

引导技术	估计方法	WTP 平均值
单边界	Probit	59.78
	Logit	59.10
双边界	Oprobit	40.78
	Ologit	43.86

这说明二分式引导技术下对福州国家森林公园游客支付意愿的估值受估值方法的影响不大，二分式引导技术的平均支付意愿的估值在估值方法上具有稳定性。

从相关研究来看，二分式引导技术下的估值多采用 Logit 模型。比较相关学者在单边界二分式和双边界二分式引导技术下的估计结果（见表 9-16）可知，除了 Chen（2014）对中国三江平原水资源非使用价值的估值中单边界估值低于双边界估值之外，其他案例都显示，单边界二分式引导技术下估值结果大于双边界二分式引导技术下的估值结果。这与 Bateman（2001）的研究结论是一致的，即支付意愿值随着边界的增多而递减，边界越多，支付意愿值越低。因此，单边界估值高于双边界估值，双边界估值高于三边界估值，三边界估值高于四边界估值，等等。

表 9-16 Logit 模型下单边界与双边界二分式估值结果比较

	研究对象	单位	单边界（SB）	双边界（BB）	SB/BB
徐中民，等（2003）	额济纳旗干流生态恢复价值	元	185.373	150.777	1.23
蔡春光，等（2007）	北京市空气污染治理价值	元	739.57	652.33	1.13
刘亚萍，等（2014）	广西北部湾生态环境保护价值	元	450.17	204.13	2.21
Bateman，等（2001）	英国诺福克沙滩旅游价值	英镑	141.12	80.95	1.74
Chen（2014）	三江平原水资源非使用价值	元	136.15	168.74	0.81
Ardakani（2017）	伊朗环境治理价值	美元	8.06	5.02	1.61
本研究	中国福州国家森林公园游憩价值	元	40.89	30.35	1.35

第 10 章　CVM 的内容效度检验

内容效度是 CVM 有效性的重要方面，本章利用支付卡引导技术下的问卷调查结果，从抗议性响应的识别、支付工具等方面进行内容效度检验。根据第 8 章对支付卡问卷的统计描述，支付卡有效问卷共 385 份，其中拒绝支付的人数有 114 人，占有效问卷的 29.6%。

10.1　基于拒绝支付原因的内容效度检验

10.1.1　研究思路与假设

研究主要基于抗议支付的视角，探讨游客对问卷理解是否存在困难；通过识别游客“零支付”的影响因素，以检验 CVM 的内容效度。根据相关研究，调研问卷主要设计 5 类“零支付”原因，分别为“应由政府支付”（reason11）、“已纳税，拒绝再次支付”（reason12）、“个人能力有限，拒绝支付”（reason2）、“公园距离自已居住地太远，受益较小”（reason3）以及“本人认为公园质量不值得支付”（reason4），其中“应由政府支付”（reason11）与“已纳税，拒绝再次支付”（reason12）均属于“抗议支付”（reason1）行为。由于无法准确设计“抗议支付”的辨别条件，对其他 3 个“零支付”选项设计识别条件。如果每个识别条件，均能很好地识别“零支付”类型，并且不受其他关键变量的干扰，基本可以认为“抗议支付”原因类型可以被很好地识别出来，从而判断 CVM 评估森林景区游憩价值的内容效度。基于此目的，除“抗议支付”外，分别设置收入、距离和满意度 3 个关键变量作为“零支付”原因类型的识别条件，提出如下假设：

H1：游客个人收入越低，越容易选择“个人能力有限，拒绝支付”选项。

H2：游客距福州国家森林公园越远，越容易选择“公园距离自己居住地太远，受益较小”选项。

H3：游客的满意度越低，越容易选择“本人认为公园质量不值得支付”选项。

如果这3个假设都被很好地验证，那么从抗议支付的角度，可以较好地认为游客对于问卷内容具有一定了解，并根据自身的条件做出了准确的回答，在大范围内基本不存在问卷上下文内容作答不一致的情况，从而判定CVM评估森林景区游憩价值具有一定的内容效度。

10.1.2 研究方法

由于除“抗议支付”外，“零支付”原因包含多种类型，以游客选择“零支付”的类型作为被解释变量。因被解释变量“零支付”的类型为多元离散型变量，不满足一般线性回归的假设条件，故采用Mlogit模型对研究假设进行验证。根据研究思路，对因变量“零支付”原因进行设计。设游客的效用函数为

$$U_{ij} = x_i'\beta_j + \varepsilon_{ij}(i=1,2,\cdots,n;\ j=1,2,3,4) \qquad (10\text{-}1)$$

游客选择拒绝支付的第j（$j \neq 1$）个原因的概率与选择第1个原因（$j=1$）的概率的关系为

$$p(\text{reason}=j/x)=\begin{cases} 1\Big/\left[1+\sum\limits_{i=2}^{4}\exp(x_i'\beta)\right], & j=1 \\ \exp(x_j'\beta)\Big/\left[1+\sum\limits_{i=2}^{4}\exp(x_i'\beta)\right], & j=2,3,4 \end{cases} \qquad (10\text{-}2)$$

$$\frac{p(\text{reason}=j)}{p(\text{reason}=1)}=\exp(x_j'\beta) \qquad j=2,3,4 \qquad (10\text{-}3)$$

式中：i表示第i个游客，$i=1$，2，3，…，n；j表示第j种“零支付”类型，$j=1$，2，3，4；$j=1$（包括reeaon11、reason12）为抗议性零支付；x为影响游客支付意愿的因素。

10.1.3 变量的量化与统计分布

被解释变量为“拒绝支付原因”。根据第8章支付卡问卷调查结果，拒绝支付的样本共114份，“拒绝支付原因”的统计分布如表10-1所示。根据“拒绝支付原因”的分布，在进行多值回归模型建立时，分别以“reason11”和

"reason12"为比较基础，"reason2""reason3""reason4"分别与"reason11"和"reason12"进行比较。解释变量中，由于样本数量不够大，对一些分类变量的类别进行合并，具体如表10-2所示。

表10-1 被解释变量的统计分布表

拒绝支付类型	拒绝支付原因	被解释变量（reason）	频数/人	频率/%
抗议支付	政府支付	reason11	41	35.96%
	已纳税，拒绝再次支付	reason12	15	13.16%
非抗议支付	个人经济能力有限，无力支付	reason2	28	24.56%
	福州国家森林公园距离自己居住地太远，受益较小	reason3	21	18.42%
	本人认为森林公园质量不值得支付	reason4	9	7.89%
	总 计		114	100

表10-2 解释变量的量化

解释变量	变量名	计量方法
sat	满意度	非常满意，5；满意，4；一般，3；不满意，2；非常不满意，1
exp	旅游经历	1次，1；2次，2；3次，3；4次，4；5次以上，5
gen	性别	男，1；女，0
age	年龄	21～60岁，1；其他，0
fp	家庭人口	3～4人，1；其他，0
edu	教育程度	大专与本科，1；其他，0
occ	职业	行政事业单位或企业单位人员，1；其他，0
prof1	职称1	高级，1；其他，0
porf2	职称2	中级，1；其他，0
inc	月收入	2 000元以下，1；2 001～4 000元，2；4 001～6 000元，3；6 001～8 000元，4；8 001～10 000元，5；10 000元以上，6
ori	来源地1	福州市，1；福建省内福州市外，2；福建省外，3
zon1	居住地1	市区，1；其他，0
zon2	居住地2	市郊，1；其他，0

10.1.4　研究结果

10.1.4.1　以“reason11”作为比较基础的研究结果

首先以“reason11”作为比较基础，利用Mlogit模型对参数进行估计，得到参数估计结果（见表10-3）和机会比估计结果（见表10-4）。

根据表10-3，从收入“inc”对各种选择的影响来看，相对于不愿意支付“reason11”，收入对“reason2”起着显著的负向影响，说明收入越高，越不会选择“reason2”。这验证了我们的假设H1。从表10-4的机会比系数可知，游客月收入每提高一个等级，游客选择“reason2”与选择“reason11”的机会比就会下降77%。但是收入对选择“reason3”“reason4”的影响较小，不显著，说明相对于选择“reason11”，游客选择“reason3”“reason4”与收入关系不大。

从来源地“ori”对各种选择的影响来看，相对于不愿意支付“reason11”，来源地对游客选择“reason3”的影响虽然为正，但影响并不显著，说明相对于“reason11”，游客距离森林公园越远，越趋向选择“reason3”，但是这一趋向并不显著。因此，从统计学上不能验证假设H2。

从满意度“sat”对各种选择的影响来看，相对于不愿意支付“reason11”，满意度对“reason4”起着显著的负向影响，说明满意度越高，越不会选择“reason4”。这验证了我们的假设H3。从表10-4的机会比系数可知，游客满意度每提高一个等级，游客选择“reason4”与选择“reason11”的机会比就会下降95%。相对于“reason11”，满意度对选择“reason2”“reason3”的影响虽然也为负，但影响程度较小，不显著，说明相对于选择“reason11”，游客选择“reason2”“reason3”与满意度关系不大。

从其他影响因素的回归系数来看，性别对选择“reason4”具有显著的负向影响，女性选择“reason4”的概率显著高于男性。说明女性对产品服务质量要求更苛刻。但是性别对选择“reason2”“reason3”的影响并不显著，说明女性和男性在选择“reason2”“reason3”方面没有显著差异。旅游经历、年龄、文化程度、职称、职业、家庭人口、居住地类型等对游客选择“reason2”“reason3”“reason4”都没有显著的影响。

表 10-3　以“reason11”作为比较基础的 Mlogit 模型参数估计结果

回归结果	系数	z 统计值	P>|z|	系数	z 统计值	P>|z|	系数	z 统计值	P>|z|
被解释变量	reason2			reason3			reason4		
比较基础	reason11								
inc	-1.48**	-2.42	0.02	-0.04	-0.09	0.93	0.54	0.69	0.49
sat	-0.48	-1.01	0.31	-0.04	-0.08	0.94	-3.08***	-2.50	0.01
exp	0.12	0.48	0.63	0.18	0.84	0.40	0.39	0.75	0.45
gen	0.05	0.09	0.93	-0.61	-0.99	0.32	-2.36*	-1.64	0.10
age	-0.88	-1.26	0.21	-0.33	-0.42	0.68	3.08	1.45	0.15
fp2	-0.51	-0.73	0.47	-0.20	-0.31	0.76	0.07	0.04	0.97
edu2	-0.49	-0.73	0.47	0.14	0.20	0.84	0.50	0.38	0.70
prof1	15.44	0.01	0.99	14.37	0.01	0.99	3.53	0.00	1.00
prof2	-0.55	-0.50	0.62	-0.75	-0.78	0.44	0.00	0.00	1.00
occ	0.68	0.66	0.51	0.99	1.25	0.21	-2.06	-1.07	0.28
ori	0.17	0.35	0.73	0.05	0.11	0.91	-1.67	-1.42	0.15
zon1	-1.01	-1.05	0.29	-0.80	-0.87	0.38	-1.06	-0.65	0.51
zon2	0.14	0.16	0.87	-0.46	-0.52	0.60	2.56	1.42	0.16
LR chi2（39）= 57.84**；Log likelihood = -96.729 2；Pseudo R^2 = 0.230 2									

注：* 表示在 10% 水平显著；** 表示在 5% 水平显著；*** 表示在 1% 水平显著。

表 10-4　以“reason11”作为比较基础的 Mlogit 模型机会比估计结果

回归结果	机会比	z 统计值	P>|z|	机会比	z 统计值	P>|z|	机会比	z 统计值	P>|z|
被解释变量	reason2			reason3			reason4		
比较基础	reason11								
inc	0.23	-2.42***	0.02	0.96	-0.09	0.93	1.71	0.69	0.49
sat	0.62	-1.01	0.31	0.96	-0.08	0.94	0.05***	-2.50	0.01
exp	1.13	0.48	0.63	1.20	0.84	0.40	1.48	0.75	0.45
gen	1.06	0.09	0.93	0.54	-0.99	0.32	0.09*	-1.64	0.10
age	0.41	-1.26	0.21	0.72	-0.42	0.68	21.72	1.45	0.15
fp2	0.60	-0.73	0.47	0.82	-0.31	0.76	1.07	0.04	0.97
edu2	0.61	-0.73	0.47	1.15	0.20	0.84	1.65	0.38	0.70
prof1	50.73	0.01	0.99	17.46	0.01	0.99	34.07	0.00	1.00
prof2	0.58	-0.50	0.62	0.47	-0.78	0.44	1.00	0.00	1.00
occ	1.98	0.66	0.51	2.69	1.25	0.21	0.13	-1.07	0.28
ori	1.19	0.35	0.73	1.05	0.11	0.91	0.19	-1.42	0.15
zon1	0.36	-1.05	0.29	0.45	-0.87	0.38	0.35	-0.65	0.51
zon2	1.15	0.16	0.87	0.63	-0.52	0.60	12.99	1.42	0.16

注：* 表示在 10% 水平显著；** 表示在 5% 水平显著；*** 表示在 1% 水平显著。

10.1.4.2 以“reason12”作为比较基础的研究结果

以“reason12”作为比较基础，利用Mlogit模型对参数进行估计，得到参数估计结果（见表10-5）和机会比估计结果（见表10-6）。

根据表10-5，从收入“inc”对各种选择的影响来看，相对于不愿意支付“reason12”，收入对“reason2”起着显著的负向影响，说明收入越高，越不会选择“reason2”。这验证了我们的假设H1。从表10-6的机会比系数可知，游客月收入每提高一个等级，游客选择“reason2”与选择“reason12”的机会比下降98%。同时，收入对选择“reason3”“reason4”的影响也极为显著且为负。但从影响程度来看（表10-6机会比系数），游客月收入每提高一个等级，游客选择“reason3”与选择“reason12”的机会比下降94%，而选择“reason4”与选择“reason12”的机会比下降90%。说明游客收入越高，相对于“reason12”，游客趋向于选择“reason2”的概率高于选择“reason3”或“reason4”的概率。

从来源地“ori”对各种选择的影响来看，相对于不愿意支付“reason12”，来源地对游客选择“reason3”的影响为正，且极为显著，说明相对于“reason12”，游客距离森林公园越远，越趋向选择“reason3”，这验证了我们的假设H2。同时来源地对游客选择“reason2”的影响也显著为正，但对“reason4”的影响不显著。说明来源地对游客选择“reason3”和“reason2”的影响较大，而对于选择“reason4”的影响较小。从表10-6的机会比系数可知，从福州市到福建省内、从福建省内到福建省外，游客到森林公园的距离每提高一个级别，游客选择“reason2”与选择“reason12”的机会比提高1069%；游客选择“reason3”与选择“reason12”的机会比提高889%。说明相对于“reason12”，距离森林公园的远近、游客个人的支付能力对游客“不愿意支付”起着极大的影响，而认为森林公园价值较小、不值得支付对游客“不愿意支付”影响较小。

从满意度“sat”对各种选择的影响来看，相对于不愿意支付“reason12”，满意度对“reason4”起着负向影响，说明满意度越高，游客越不会选择“reason4”。但这一影响较小，不显著。这说明从统计学上，我们不能验证假设H3。另外，游客满意度对其选择“reason2”“reason3”的影响也较小，不显著，说明相对于选择“reason12”，游客选择“reason2”“reason3”“reason4”与满意度关系不大。

从其他影响因素的回归系数来看，旅游经历、年龄、性别、文化程度、职称、职业、家庭人口、居住地类型等对游客选择“reason2”“reason3”“reason4”都没有显著的影响。

表 10-5 以“reason12”作为比较基础的 Mlogit 模型参数估计结果

回归结果	回归系数	z 统计量	P>|z|	回归系数	z 统计量	P>|z|	回归系数	z 统计量	P>|z|
被解释变量	reason2			reason3			reason4		
比较基础	reason12								
inc	−3.69***	−3.13	0.00	−2.87***	−2.59	0.01	−2.26*	−1.92	0.06
sat	0.32	0.28	0.78	0.54	0.50	0.61	−1.57	−1.36	0.18
exp	0.49	0.88	0.38	0.63	1.19	0.24	0.67	0.99	0.32
gen	1.62	0.93	0.35	0.71	0.43	0.67	−0.19	−0.09	0.93
age	−16.33	−0.01	0.99	−15.63	−0.01	0.99	−12.89	−0.01	1.00
fp	−0.35	−0.22	0.83	−0.30	−0.20	0.85	0.19	0.09	0.93
edu	0.38	0.23	0.82	0.77	0.48	0.63	0.68	0.40	0.69
prof1	6.47	1.24	0.21	5.25	1.03	0.30	−9.13	0.00	1.00
prof2	−0.63	−0.35	0.73	−0.66	−0.41	0.68	−0.50	−0.24	0.81
occ	−1.03	−0.52	0.60	−0.30	−0.17	0.87	−3.24	−1.41	0.16
ori	2.46*	1.90	0.06	2.29*	1.86	0.06	1.23	0.83	0.41
zon1	−18.07	−0.01	0.99	−17.54	−0.01	0.99	−17.81	−0.01	0.99
zon2	−16.52	−0.01	0.99	−16.89	−0.01	0.99	−14.02	−0.01	1.00
LR chi2（39）= 83.63***；Log likelihood = −53.755 9；Pseudo R^2 = 0.437 5									

注：* 表示在 10% 水平显著；** 表示在 5% 水平显著；*** 表示在 1% 水平显著。

表 10-6 以“reason12”作为比较基础的 Mlogit 模型机会比估计结果

回归结果	机会比	z 统计值	P>|z|	机会比	z 统计值	P>|z|	机会比	z 统计值	P>|z|
被解释变量	reason2			reason3			reason4		
比较基础	reason12								
inc	0.02***	−3.13	0.00	0.06***	−2.59	0.01	0.10*	−1.92	0.06
sat	1.37	0.28	0.78	1.71	0.50	0.61	0.21	−1.36	0.18
exp	1.64	0.88	0.38	1.88	1.19	0.24	1.95	0.99	0.32
gen	5.05	0.93	0.35	2.03	0.43	0.67	0.83	−0.09	0.93
age	0.00	−0.01	0.99	0.00	−0.01	0.99	0.00	−0.01	1.00
fp	0.71	−0.22	0.83	0.74	−0.20	0.85	1.21	0.09	0.93
edu	1.46	0.23	0.82	2.16	0.48	0.63	1.98	0.40	0.69
prof1	647.85	1.24	0.21	190.03	1.03	0.30	0.00	0.00	1.00
prof2	0.53	−0.35	0.73	0.52	−0.41	0.68	0.60	−0.24	0.81
occ	0.36	−0.52	0.60	0.74	−0.17	0.87	0.04	−1.41	0.16
ori	11.69*	1.90	0.06	9.89*	1.86	0.06	3.42	0.83	0.41
zon1	0.00	−0.01	0.99	0.00	−0.01	0.99	0.00	−0.01	0.99
zon2	0.00	−0.01	0.99	0.00	−0.01	0.99	0.00	−0.01	1.00
LR chi2（39）= 83.63***；Log likelihood = −53.755 9；Pseudo R^2 = 0.437 5									

注：* 表示在 10% 水平显著；** 表示在 5% 水平显著；*** 表示在 1% 水平显著。

10.1.5 研究结论

上面分别以“reason11”“reason12”为比较基础，识别了游客选择“reason2”“reason3”“reason4”的原因。从中可知：第一，无论是以“reason11”还是以“reason12”为比较基础，收入与“reason2”的关系都比较稳定，假设 H1 都得到了证实；第二，假设 H2 在以“reason12”为比较基础的模型中得到验证，在以“reason11”为比较基础的模型中，虽然游客居住地与森林公园的距离与选择“reason3”的关系没有通过统计学的检验，但游客居住距离与“reason3”的关系是正向的，与假设 H2 一致；第三，假设 H3 在以“reason11”为比较基础的模型中得到验证，在以“reason12”为比较基础的模型中，虽然游客满意度对游客选择“reason4”的影响没有通过统计学上的检验，但满意度与“reason4”的关系是负向的，与假设一致。

假设 H2 在以“reason11”为比较基础的模型中没有通过检验，假设 H3 在以“reason12”为比较基础的模型中没有通过检验，可能与样本大小有关。因为在支付卡问卷中，拒绝支付的样本只有 114 份，相对于多值选择模型，样本量太小。

综合来看，游客拒绝支付的原因“reason2”“reason3”“reason4”基本能够从收入、居住地距离森林公园远近、满意度等变量中得到识别。因此，可以说样本具有较好的内容效度。

10.2 基于支付工具的内容效度检验

不具有约束性的支付工具可能会导致被访者为社会做贡献的道德责任感，因而会导致对平均支付意愿的高估。通过设置支付工具选择是检验内容有效性的重要方法。本研究同样设置这一选项，以分析被访游客陈述问题的真实性。

10.2.1 支付工具选项的分布

问卷针对愿意支付的被访者设置了支付工具问题，共有五个选项，“现金”“转账”“纳税”“征收门票”“其他”。在利用支付卡引导技术调查的 382 份有效问卷中，愿意支付维护费的样本共 268 份，其中选择支付工具的样本有 227 份，有 41 份问卷未选择支付工具。227 份样本关于支付工具的分布如

表10-7所示。从中可知，愿意支付维护费的游客中，支付工具选择“现金”的比例最高，占比36.56%，其次是“征收门票”，占比25.55%。选择“转账”和“纳税”的比例基本相当。

表 10-7　支付工具分布

支付工具选项	支付工具代号	频数 / 人	频率 / %
现金	1	83	36.56
转账	2	30	13.22
纳税	3	37	16.30
征收门票	4	58	25.55
其他	5	19	8.37
合　计		227	100.00

10.2.2　不同支付工具选择的影响因素分析

为了分析游客的社会经济特征是否会对游客的支付工具的选择产生影响，本部分采用多值选择模型分析支付工具的影响因素。游客效用模型采用线性模型（10-1）。被解释变量（choice）为游客对支付工具的选择。游客对支付工具的选择共有五种，包括“现金”（choice1）、“转账”（choice2）、“纳税”（choice3）、“征收门票”（choice4）、“其他”（choice5）。分析时，需要以其中一种类型作为比较基础（base）。选择其他类型（other）与选择基础类型的概率关系为

$$p(\text{choice}=j/x)=\begin{cases}1/\left[1+\sum_{i=1}^{4}\exp(x_i'\beta)\right], & \text{j=base}\\ \exp(x_j'\beta)/\left[1+\sum_{i=1}^{4}\exp(x_i'\beta)\right], & \text{j=other}\end{cases} \tag{10-4}$$

$$\frac{p(\text{choice}=j)}{p(\text{choice}=\text{base})}=\exp(x_j'\beta),\qquad j\text{=other} \tag{10-5}$$

式中：i表示第i个游客，$i=1, 2, 3, \cdots, n$；j表示第j种“支付工具”类型，$j=1, 2, 3, 4, 5$；x为影响游客支付意愿的因素。x的量化方法见表10-2。

利用Mlogit模型对模型参数进行回归。

表10-8显示了选择“转账”（choice2）、“纳税”（choice3）、“征收门票”（choice4）、“其他”（choice5）与选择“现金”（choice1）的比较结果。从表中可知，选择“转账”“纳税”与选择“现金”（choice1）的游客的社会经

济背景都没有显著差异。选择“征收门票”与选择“现金”相比，受到游客满意度的显著影响。与“征收门票”相比，满意度高的游客更愿意选择“现金”形式支付。而选择“其他”支付工具与选择“现金”相比，受到游客的收入、年龄、来源地的显著影响。游客的收入越高，越愿意用“其他”支付工具。根据与这些游客的交谈，一部分收入高的游客愿意用“捐款”的方式支付维护费。从年龄的影响来看，处于 21 ～ 60 岁的游客相对于小于 20 岁或大于 61 岁的游客，更愿意使用“现金”支付方式，而不是“其他”方式。而从来源地的影响来看，距离较远的游客相对于距离较近的游客更愿意使用“现金”支付工具。

表 10-8　以“choice1”为比较基础的 Mlogit 参数回归结果

比较基础	choice1							
被解释变量	choice2		choice3		choice4		choice5	
回归结果	回归系数	*z* 统计值	回归系数	*z* 统计值	回归系数	*z* 统计值	回归系数	*z* 统计值
inc	0.00	0.02	−0.03	−0.14	0.15	0.89	0.77***	2.81
sat	0.29	0.75	−0.51	−1.47	−0.55*	−1.81	−0.04	−0.08
exp	0.18	1.01	−0.16	−1.07	−0.14	−1.14	−0.09	−0.46
gen	0.32	0.69	0.14	0.31	0.30	0.80	−0.99	−1.48
age	0.23	0.40	−0.45	−0.82	−0.56	−1.21	−1.52*	−1.85
fp	0.53	1.10	0.52	1.18	0.36	0.96	0.24	0.41
edu	0.70	1.40	0.53	1.18	0.20	0.52	0.03	0.05
prof1	1.13	1.48	−0.50	−0.54	−0.11	−0.15	1.29	1.44
prof2	−0.92	−1.06	−0.38	−0.62	−0.20	−0.39	−0.79	−1.07
ori	−0.22	−0.71	−0.30	−1.06	−0.07	−0.31	−1.12***	−2.49
zon1	−0.28	−0.42	−0.36	−0.53	1.27	1.72	12.79	0.03
zon2	0.29	0.42	0.42	0.61	1.26	1.64	13.59	0.04
occ	−0.59	−1.04	0.84	1.71	−0.20	−0.46	0.55	0.83
cons	−3.34	−1.55	1.82	0.94	0.95	0.55	−12.94	-0.03

注：* 表示在 10% 水平显著；** 表示在 5% 水平显著；*** 表示在 1% 水平显著。

表 10-9 为选择“纳税”（choice3）、“征收门票”（choice4）、“其他”（choice5）与选择“转账”（choice2）相比的结果。从选择“纳税”的结果来看，满意度、高职称对于游客选择“纳税”具有显著负向影响，即满意度高的

游客和高职称的游客更愿意用“转账”工具。从选择“征收门票”的结果来看，满意度、旅游经历对游客选择“征收门票”具有显著负向影响，即满意度高的游客和到福州国家森林公园旅游次数多的游客更愿意用“转账”工具，而不愿意用“征收门票”工具。居住在市区的游客相对于居住在市郊或农村的游客更愿意用“转账”工具。从选择“其他”工具的结果来看，收入对游客选择“其他”具有显著的正向影响，收入越高的游客越愿意用“其他”工具。而男性相对于女性更愿意使用“转账”工具，21 ～ 60 岁的游客相对于其他年龄段的游客更愿意使用“转账”工具。

表 10-9 以“choice2”为比较基础的 Mlogit 参数回归结果

比较基础	choice2					
被解释变量	choice3		choice4		choice5	
回归结果	回归系数	z 统计值	回归系数	z 统计值	回归系数	z 统计值
inc	−0.04	−0.13	0.15	0.65	0.77***	2.47
sat	−0.80*	−1.82	−0.84**	−2.03	−0.33	−0.63
exp	−0.34*	−1.70	−0.32*	−1.76	−0.27	−1.13
gen	−0.18	−0.34	−0.02	−0.04	−1.31*	−1.77
age	−0.67	−1.00	−0.79	−1.28	−1.74*	−1.92
fp	−0.02	−0.03	−0.17	−0.33	−0.29	−0.42
edu	−0.16	−0.28	−0.50	−0.94	−0.67	−0.88
prof1	−1.63*	−1.67	−1.24	−1.50	0.16	0.17
prof2	0.54	0.56	0.72	0.81	0.13	0.12
ori	−0.08	−0.24	0.14	0.44	−0.90*	−1.82
zon1	−0.08	−0.09	1.55*	1.79	13.07	0.03
zon2	0.13	0.16	0.97	1.10	13.30	0.03
occ	1.44**	2.23	0.40	0.66	1.15	1.48
cons	5.16	2.09	4.29	1.86	−9.60	−0.02

注：* 表示在 10% 水平显著；** 表示在 5% 水平显著；*** 表示在 1% 水平显著。

表 10-10 为选择“征收门票”（choice4）、“其他”（choice5）与选择“纳税”（choice）相比的结果。从选择“征收门票”与选择“纳税”相比的结果来看，市区居民相对于市郊或农村居民更愿意选择“征收门票”工具，而企业、事业

单位人员相对于其他职业人员或无职业人员更愿意选择“纳税”工具。从选择“其他”与选择“纳税”相比的结果来看，高职称的游客更愿意选择“其他”，距离越远的游客越愿意选择“纳税”工具。从选择“其他”与选择“征收门票”的结果来看，高收入的游客相对于低收入的游客更愿意选择“其他”工具，男性相对于女性更愿意选择“征收门票”工具，距离较远的游客更愿意选择“征收门票”。

表 10-10　以“choice3”“choice4”为比较基础的 Mlogit 参数回归结果

比较基础	choice3				choice4	
被解释变量	choice4		choice5		choice5	
回归结果	回归系数	*z* 统计值	回归系数	*z* 统计值	回归系数	*z* 统计值
inc	0.19	0.82	0.81	2.60	0.62**	2.28
sat	−0.04	−0.10	0.47	0.97	0.51	1.12
exp	0.02	0.13	0.07	0.32	0.05	0.24
gen	0.16	0.35	−1.13	−1.57	−1.29*	−1.89
age	−0.12	−0.20	−1.07	−1.21	−0.95	−1.15
fp	−0.16	−0.34	−0.27	−0.42	−0.12	−0.19
edu	−0.34	−0.70	−0.50	−0.70	−0.17	−0.25
prof1	0.39	0.40	1.79*	1.68	1.40	1.55
prof2	0.18	0.29	−0.41	−0.49	−0.59	−0.78
ori	0.23	0.76	−0.82*	−1.69	−1.05**	−2.29
zon1	1.63*	1.88	13.15	0.03	11.52	0.03
zon2	0.84	0.97	13.17	0.03	12.33	0.03
occ	−1.04**	−2.02	−0.29	−0.41	0.75	1.11
cons	−0.87	−0.42	−14.76	−0.04	−13.89	−0.04

注：* 表示在 10% 水平显著；** 表示在 5% 水平显著；*** 表示在 1% 水平显著。

归纳表 10-8、10-9、10-10 的结果可知，游客对支付工具的选择基本符合人们的一般认知。高收入的游客更愿意以捐助的方式支付更多的维护费。有稳定工作（在企业、事业单位工作）的游客更愿意以纳税的形式支付维护费，网上支付方便的游客（高职称）更愿意通过转账方式支付。可以认为，游客对支付工具的选择具有内容有效性。

10.2.3 不同支付工具对支付意愿的影响

支付工具的不同是否会影响游客支付意愿值？为了回答此问题，将支付工具作为影响因素、支付意愿值作为被解释变量，建立线性回归分析模型为

$$\begin{cases} \mathrm{WTP}_i = x_i'\beta + \sum_{j=1}^{4}\gamma_j \mathrm{choice}j + \varepsilon_i \quad (i=1,2,\cdots,n; j=1,2,3,4) \\ \mathrm{choice}j = \begin{cases} 1, \mathrm{choice} = j \\ 0, \mathrm{choice} = \mathrm{other} \end{cases} \end{cases} \tag{10-6}$$

利用稳健标准误修正下的 OLS 方法对（10-6）模型进行回归，得到结果如表 10-11 所示。

从表中可知，收入对支付意愿起着显著的正向影响，与经济理论相一致。处于 21 ～ 60 岁之间的游客相对于其他年龄的游客（20 岁以下或 61 岁以上）具有更低的支付意愿。这与人们的预期是一致的，20 岁以下的游客一般经济没有独立，没有经济负担，61 岁以上的游客刚刚退休，经济好，收入高，而子女基本已经独立，因而经济负担较小。21 ～ 60 岁之间的游客面临的养家压力最大，支付最谨慎，支付意愿最低。居住在市区的游客的支付意愿显著高于居住在市郊或农村的游客，这一点也与人们的认知相一致，也与前面的回归结果相一致。居住在市区的居民平均来说，收入高，教育水平高，在森林公园娱乐的机会多、意愿更强，因而支付意愿更高。从四种不同的支付工具来看，选择“纳税”（choice3）的游客相对于选择其他类型工具的游客具有更高的支付意愿。而选择“现金”“转账”“征收门票”等工具的游客支付意愿没有显著差异。从回归系数的符号来看，选择“现金”“转账”“纳税”等工具的游客的支付意愿趋向于高于选择“征收门票”工具的游客的支付意愿。

表 10-11　支付工具对 WTP 影响的回归结果

解释变量	回归系数	稳健标准差	t 统计值	$P>\|t\|$
inc	20.718 3***	8.793 9	2.36	0.019
sat	−2.083 8	9.742 7	−0.21	0.83
exp	−2.366 3	3.421 9	−0.69	0.49
gen	−0.250 4	5.880 6	−0.55	0.581
age	−17.765 5**	7.230 8	−2.46	0.015
fp	1.230 6	8.257 8	0.15	0.882
edu	−0.522 4	10.868 3	−0.05	0.962

续表

解释变量	回归系数	稳健标准差	t 统计值	$P>\|t\|$
occ	−5.782 7	9.813 3	−0.59	0.556
profl	26.158 0	26.643 9	0.98	0.327
prof2	3.294 5	15.443 5	0.21	0.831
ori	−3.556 7	6.022 7	−0.59	0.555
zon1	16.760 3*	9.281 5	1.81	0.072
zon2	−0.586 6	9.248 5	−0.06	0.949
choice1	16.365 63	12.720 5	1.29	0.199
choice2	44.857 3	33.568 8	1.34	0.183
choice3	23.015 8	13.824 1	1.66	0.097
choice4	−0.262 7	11.046 4	−0.2	0.981
cons	2.464 3	53.051 8	0.05	0.963
$F(17，250)=1.96$；$R^2=0.177$				

注：* 表示在 10% 水平显著；** 表示在 5% 水平显著；*** 表示在 1% 水平显著。

总之，从游客的选择来看，“现金”“转账”都属于自愿行为，而“纳税”“征收门票”被认为是被迫的行为，对支付维护费意愿强的游客更愿意选择“现金”“转账”等自愿的现场兑现行为，而对于支付意愿不强的游客，在不得已的情况下，愿意选择通过强制手段“纳税”或“征收门票”的方式。“现金”“转账”两种形式相比，高职称、高文化水平的游客使用“转账”方式比较便利，与使用“现金”相比，更愿意选择“转账”。具有稳定工作的游客通过“纳税”自动扣除也比较便利，因而更愿意选择“纳税”方式。选择“征收门票”可能是属于游客的无奈之举，也体现出游客对自愿支付、征税等工具的不信任。“征收门票”被认为是最公平、最能体现森林公园价值的方式，因此，如果必须支付维护费，一部分游客认为，“征收门票”是最好的方式。

如果把影响支付工具的因素与支付意愿值结合起来分析，更容易理解人们的行为（见图 10-1），满意度高的游客更愿意选择“现金”或“转账”工具，而满意度低的游客更愿意选择“征收门票”工具，可以推测，选择“征收门票”是游客表达不满意的一种方式，即“我愿意支付与产品质量相对应的价值。但如果产品质量不好，通过征收门票，我就不会再来。”

综合考察，游客对各个问题的回答是客观的、真实的，前后一致的。调查问卷具有较好的内容效度。

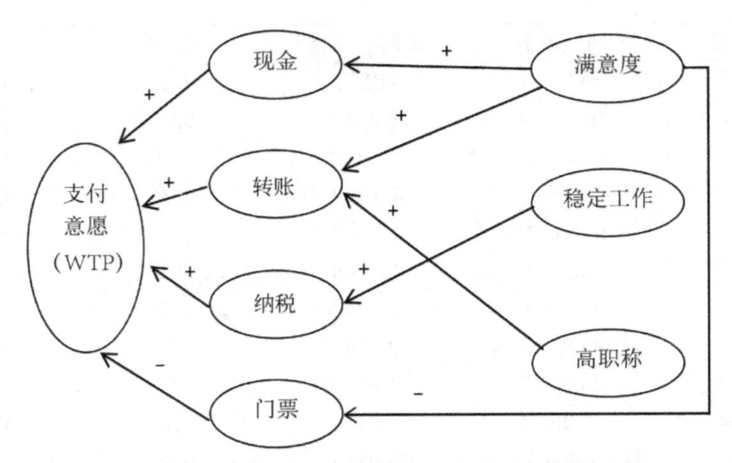

图 10-1　游客经济特征、支付工具偏好与支付意愿关系

10.3　基于信息偏差的内容效度检验

10.3.1　检验思路

本部分通过信息偏差的存在检验内容的有效性。根据 NOVV（1963）的 15 条指导原则，为了能够得到被调查者的真实而正确的支付意愿的陈述，被调查者必须对调查对象的信息完全了解、掌握，否则由于被调查者对调查对象的信息掌握不全面、不准确，所陈述的支付意愿将是不准确的，将导致信息偏差。因此通过信息偏差的分析是检验内容效度的重要方法。

通常的做法是在问卷设计时设计几个与游客的来源地、旅游经历有关的信息。如果旅游经历、游客来源地与游客的支付意愿显著相关，就说明游客对调查对象信息的不相同导致了信息偏差，因而内容效度是不好的。

相应地，本研究也设计了有关游客旅游经历和来源地的问题。因此，本书的假设为

H1：游客距离福州国家森林公园的远近，不影响游客对福州国家森林公园的熟悉程度，进而不影响游客的支付意愿。

H2：游客到福州国家森林公园旅游次数，不影响游客对福州国家森林公园的熟悉程度，进而不影响游客的支付意愿。

如果 H1、H2 被接受，说明问卷设计不存在信息偏差，内容效度较好。反之，如果 H1、H2 被拒绝，说明问卷设计存在信息偏差，内容效度较差。

10.3.2 研究方法

本部分通过建立回归分析模型的方法建立与识别游客距离森林公园远近、游客到福州森林公园的旅游次数与支付意愿的关系。在问卷设计时，与该研究有关的问题一个是游客的来源地，分为三个类别，“福州市”“福建省内福州市外”“福建省外”。显然，三个类别与福州森林公园的距离为：“福州市”<“福建省内福州市外”<“福建省外”。另一个与该研究有关的问题是游客到福州森林公园的次数，分为五个类别，“1 次”“2 次”“3 次”“4 次”“5 次及以上”。

回归分析模型采用最简单的线性形式，即

$$\mathrm{WTP} = x'\beta + \varepsilon$$

x' 为解释变量，包括游客的收入（inc）、满意度（sat）、旅游经历（exp）、年龄（age）、性别（gen）、家庭人口（fp）、教育水平（edu）、职称（prof）、职业（occ）、来源地（ori）、居住地（zon）等。各个变量的量化方法同表 10-2。

10.3.3 研究结果

利用异方差稳健的标准误修正下的 OLS 回归方法，得到回归结果如表 10-12 所示。

表 10-12　游客旅游信息对支付意愿的影响回归结果

解释变量	回归系数	稳健标准差	t 统计值	$P>\|t\|$
inc	18.522***	7.092 2	2.61	0.009
sat	1.026 0	6.466 2	0.16	0.874
exp	−1.824 2	2.505 4	−0.73	0.467
gen	0.891 9	5.261 2	0.17	0.865
age	−13.823 2**	5.752 6	−2.4	0.017
fp	1.183 1	7.200 1	0.16	0.87
edu	3.072 2	7.254 3	0.42	0.672
occ	−5.291 7	9.550 0	−0.55	0.58
prof1	27.172 9	21.477 5	1.27	0.207
prof2	3.285 2	13.986 8	0.23	0.814
ori	−2.126 2	5.161 1	−0.41	0.681
zonl	11.102 3	7.069 0	1.57	0.117
zon2	−1.879 7	6.963 1	−0.27	0.787
cons	−3.456 3	32.731 0	−0.11	0.916
$F(13, 312)=2.6$***；$R^2=0.157\ 8$				

注：* 表示在 10% 水平显著；** 表示在 5% 水平显著；*** 表示在 1% 水平显著。

从表 10-12 的回归结果知，收入对游客支付意愿的影响为正，且极为显著，符合理论预期。21 ～ 60 岁年龄段的游客的支付意愿显著低于其他年龄段的游客的支付意愿，说明这一阶段的游客生存压力更大，自愿式的支付意愿更低。

旅游次数对游客的支付意愿的影响不显著，说明虽然人们到福州国家森林公园旅游的次数不同，但对福州国家森林公园游憩价值的熟悉程度是相同的，因此，不会出现因为游客对福州国家森林公园信息了解的不同而导致支付意愿的不同，有效规避了信息偏差。游客来源地同样对支付意愿不存在显著影响，同样说明游客不会因为距离福州国家森林公园的远近而导致了解森林公园的信息的差异，因此来源地距离不会对支付意愿产生影响。不存在信息差异的原因主要是由于本调查采取了有效规避信息偏差的措施，一是对游客进行面对面的田野调查，而不是在网上对游客进行调查，规避了回忆导致的信息偏差；二是在游客结束福州国家森林公园行程之后离开时再填写调查问卷，同时在填写前由调查人员咨询其是否全面了解了福州国家森林公园的旅游资源和游憩项目，以确保所有受访游客都全面掌握福州国家森林公园游憩价值的所有信息。

总之，旅游次数和来源地两个变量的回归结果说明，游客对福州国家森林公园的熟悉程度是相同的，原假设 H1 和 H2 都被接受。问卷不存在信息偏差，问卷内容具有一致性。

10.4 内容效度的检验总结

本章通过拒绝支付原因的识别、支付工具选择偏好的影响因素的识别以及信息偏差的识别三个方面对问卷设计方案和问卷调查结果的内容有效性进行了检验。检验结果显示，总体上，游客所陈述的问题是真实的、理智的，游客拒绝支付的原因与其社会经济背景是相一致的。游客对支付工具的选择既与其支付意愿有关，也与其自身所处经济环境的便利性有关，符合客观实际。游客对福州国家森林公园的熟悉程度与其到福州国家森林公园的旅游次数和距离福州国家森林公园的远近没有显著关系，说明游客对福州国家森林公园的熟悉程度与旅游经历、居住地远近没有关系，不存在信息偏差。因此，归纳三个方面的检验结果，本研究的问卷设计、调查结果具有相互印证、前后一致性，具有内容效度。

第11章　WTP与WTA的一致性检验

WTP表示得到某商品所放弃的最大货币价值，WTA表示失去某商品所得到的最小补偿。理论上，利用CVM得到的WTP和WTA的估值应非常相近。因此，检验WTP与WTA的一致性成为检验内容效度的一个重要方法。但是，大量的实证研究并不能支持WTP和WTA之间关系的理论推断。本部分利用所调查的支付卡样本和二分式样本分别对WTP和WTA的关系进行检验。

11.1　检验思路、假设与方法

11.1.1　检验思路与假设

WTP与WTA的一致性是基于游客对研究对象价值的真实判断。如果游客所陈述的WTP和WTA是真实的，WTP与WTA一定具有正相关性，即如果游客认为一个商品的价值较高，得到该商品所放弃的货币价值与失去该商品所得到的货币价值都应该较高，反之都应该较低。因此WTP和WTA应有相关性。本部分采用相关分析方法检验WTP与WTA的一致性。

问卷设计中对WTP和WTA的调查涉及两个问题。

第一个问题是交换意愿的调查。针对WTP，问卷设计的问题是“森林公园的经营需要一定的维护费用，你是否愿意为得到森林公园的旅游权支付一定的费用？”，针对WTA，问卷设计的问题是，“如果补偿你一定的货币，然后每年不让你到福州国家森林公园旅游（假设其他森林公园都是收费的），您是否愿意？”。如果游客认为森林公园的进入权可以用货币来等价交换，那么这两个问题的回答应该是对应的。

第二个问题是交换价值的调查。针对WTP，对于愿意支付维护费的游客，设计的问题是“你每年愿意为森林公园经营支付多少维护费？”，针对 WTA，对于愿意得到一定补偿的游客，设计的问题是“你愿意每年得到多少补偿？”。如果游客对问卷中的问题的陈述是真实的，那么关于 WTP 的回答结果与关于 WTA 的回答结果应具有相关性。

因此，根据上面两个问题，提出如下假设：

H1：如果游客对问题的陈述是真实的，游客为得到福州国家森林公园旅游权利而支付维护费的意愿与放弃福州国家森林公园旅游权利而得到补偿的意愿应具有正相关性。

H2：如果游客对问题的陈述是真实的，游客为得到福州国家森林公园旅游权利而愿意支付的维护费数量与放弃福州国家森林公园旅游权利而得到补偿的数量应具有正相关性。

11.1.2 研究方法

对于第一个假设，由于支付意愿和补偿意愿是名义变量，利用交互列表方法和斯皮尔曼秩相关检验方法（Spearman's rank) 进行检验。对于第二个假设，由于意愿支付额与意愿补偿额是定量变量，一是利用皮尔逊（Pearson) 相关系数检验两者的相关性，二是利用非参数方法对平均 WTP 和平均 WTA 进行比较，分析其收敛情况。

11.2 支付卡引导技术下的检验

11.2.1 支付意愿与补偿意愿的相关分析

支付卡式问卷调查共收集到 385 份有效问卷。其中意愿支付值大于 1 000 元的样本有 2 份，希望补偿支付值大于 1 000 元的样本有 14 份，根据对福州国家森林公园当前游客价值的分析，大于 1 000 元与现实严重不符，作为无效问卷处理。这样得到有效问卷 369 份。愿意支付与愿意补偿的交叉分布情况如表 11-1 所示。

表 11-1　支付意愿与补偿意愿的交叉分布表

		补偿意愿（WTA）		
		希望（1）	不希望（0）	合计
支付意愿（WTP）	愿意（1）	88	175	263
	不愿意（0）	28	78	106
	合计	116	253	369

利用 SPSS 中的交叉列表独立性检验，得到表 11-2 和 11-3。根据表 11-3 可知，所有的检验指标（包括 Chi-Square、Continuity Correction、Likelihood Ratio、Fisher's Exact Test）都在 0.1 水平上不显著。说明游客的支付意愿（WTP）与补偿意愿（WTA）没有显著的相关性。

表 11-2　WTP 和 WTA 交互列联表

			补偿意愿（WTA）		Total
			0	1	
支付意愿（WTP）	0	观察值	78	28	106
		期望值	72.7	33.3	106.0
	1	观察值	175	88	263
		期望值	180.3	82.7	263.0
合计		观察值	253	116	369
		期望值	253.0	116.0	369.0

表 11-3　WTP 和 WTA 交互列联表检验结果

	统计值	自由度	近似显著水平（双尾）	精确显著水平（双尾）	精确显著水平（单尾）
Pearson 卡方值（Pearson Chi-Square）	1.740	1	0.187		
连续性修正值（Continuity Correction）	1.428	1	0.232		
似然比（Likelihood Ratio）	1.774	1	0.183		
Fisher 精确检验（Fisher's Exact Test）				0.216	0.115
线性关联检验（Linear-by-Linear Association）	1.735	1	0.188		
样本量（N）			369		

由于支付意愿和补偿意愿都为名义变量，利用斯皮尔曼（Spearman）秩相关方法得到结果如表 11-4 所示。支付意愿（WTP）和补偿意愿（WTA）的

Spearman's 秩相关系数仅为 0.069，在 0.05 的显著性水平上相关性不显著。同样说明支付意愿与补偿意愿没有显著的相关性。

表 11-4　支付意愿与补偿意愿的秩相关检验结果

Spearman 检验	相关系数	0.069
	显著性水平（双尾）	0.188
	样本量（*N*）	369

综合列联表分析结果和秩相关系数分析结果，得出支付意愿与补偿意愿没有显著的相关性，说明假设 H1 没有通过检验。

11.2.2　意愿支付额与希望补偿额的相关分析

根据表 11-1，同时愿意支付和愿意得到补偿的样本共 88 份，由于意愿支付额和希望补偿额为定量变量，直接利用皮尔逊（Pearson）相关系数对其相关性进行检验。结果如表 11-5 所示。从表中可知，意愿支付额（WTP）与希望补偿额（WTA）的皮尔逊相关系数值为 0.155，在 0.05 水平上，相关性不显著。

表 11-5　意愿支付额与希望补偿额的相关性检验

		WTP	WTA
WTP	Pearson 相关系数	1	0.155（0.151）*
	样本量（*N*）	269	88
WTA	Pearson 相关系数	0.155（0.151）*	1
	样本量（*N*）	88	116

* 注：小括号内值表示双尾下的显著性水平。

因此，可以得到，意愿支付额与希望补偿额不存在显著的正相关，假设 H2 没有通过检验。

11.2.3　平均支付意愿与平均补偿意愿的收敛性分析

利用非参数方法对平均支付意愿值和平均补偿意愿值进行估计。意愿支付额与意愿补偿额的分布如图 11-1 所示，WTA 的中位值和平均值分别大于 WTP 的中位值和平均值。

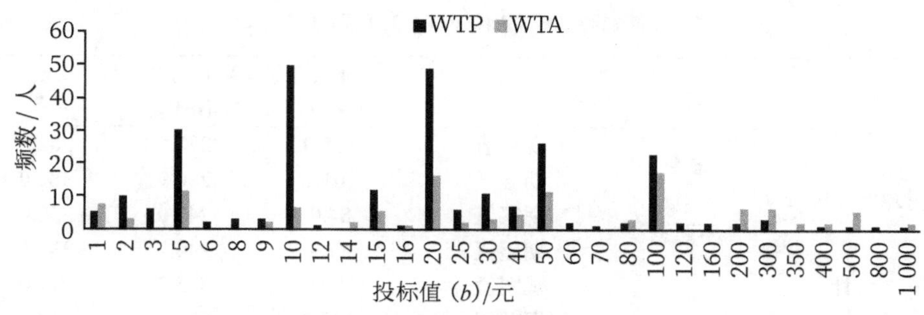

图 11-1　WTP 和 WTA 统计分布图

利用平均支付意愿的非参数估计方法中的下边界估计法式（5-1），计算非零支付意愿的平均值和非零补偿意愿的平均值，得到平均支付意愿为 $E(\mathrm{WTP})_{\mathrm{L}} = \sum_{j=1}^{269} b_j P_j = 42.37$，平均补偿为 $E(\mathrm{WTA})_{\mathrm{L}} = \sum_{j=1}^{269} b_j P_j = 106.68$。由此可知，两者相差较大。平均补偿意愿值是平均支付意愿值的 2.52 倍。

11.3　二分式引导技术下的检验

11.3.1　支付意愿与补偿意愿的相关分析

二分式问卷调查共收集到 714 份有效问卷。支付意愿与补偿意愿的交互列表如表 11-6 所示。

表 11-6　支付意愿与补偿意愿的交叉分布

		补偿意愿（WTA）		
		希望（1）	不希望（0）	合计
支付意愿（WTP）	愿意（1）	105	277	382
	不愿意（0）	84	248	332
	合计	189	525	714

利用 SPSS 中的交叉列表独立性检验，得到表 11-7 和 11-8。根据表 11-7 可知，所有的检验指标（包括 Chi-Square、Continuity Correction、Likelihood Ratio、Fisher’s Exact Test）都在 0.1 水平上不显著。说明游客的支付意愿（WTP）与补偿意愿（WTA）没有显著的相关性。

表 11-7 WTP 和 WTA 交互列联表

			补偿意愿（WTA）愿意	补偿意愿（WTA）不愿意	合计
支付意愿（WTP）	愿意	观察值	105.0	277.0	382.0
		期望值	101.1	280.9	382.0
	不愿意	观察值	84.0	248.0	332.0
		期望值	87.9	244.1	332.0
合计		观察值	189.0	525.0	714.0
		期望值	189.0	525.0	714.0

表 11-8 WTP 和 WTA 的交互列联表检验结果

	统计值	自由度	近似显著水平（双尾）	精确显著水平（双尾）	精确显著水平（单尾）
Pearson 卡方值	0.339	1	0.560		
连续性修正	0.247	1	0.619		
似然比	0.339	1	0.560		
Fisher 精确检验				0.609	0.310
有效样本个数	714				

由于支付意愿和补偿意愿都为名义变量，利用斯皮尔曼（Spearman）秩相关方法得到结果如表 11-9 所示。支付意愿（WTP）和补偿意愿（WTA）的 Spearman's 秩相关系数仅为 0.022，在 0.05 的显著性水平上相关性不显著。同样说明支付意愿与补偿意愿没有显著的相关性。

11-9 支付意愿与补偿意愿的秩相关检验结果

		WTP	WTA
Spearman 秩相关系数	WTP	1.000	0.022(0.561)*
	WTA	0.022(0.561)*	1.000

* 注：小括号内值表示双尾下的显著性水平。

综合列联表分析结果和秩相关系数分析结果，得出支付意愿与补偿意愿没有显著的相关性，说明假设 H1 没有通过检验。

11.3.2 平均支付意愿与平均补偿意愿的收敛性分析

利用非参数方法对平均补偿意愿值进行估计。希望得到补偿的样本共 189 份，排除意愿补偿额超过 1 000 元的样本 12 份，共得到有效样本 177 份。其分布如图 11-2 所示。希望补偿额中，选择 1 元、10 元、20 元、50 元、100 元、500 元的较多，符合一般规律。

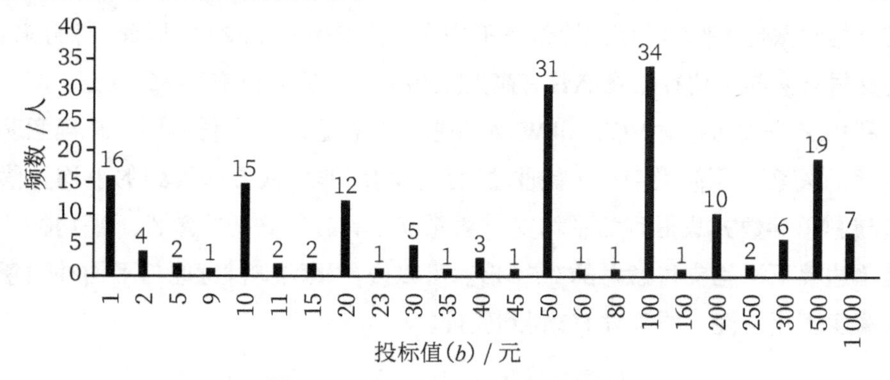

图 11-2　WTP 和 WTA 统计分布图

利用平均支付意愿的非参数估计方法中的下边界估计法，计算愿意得到补偿的游客的平均意愿补偿额，得到平均补偿为 $E(\mathrm{WTA})_{\mathrm{L}}=\sum_{j=1}^{1000} b_j P_j=152.02$。

利用单边界二分式下的参数估计方法得到的平均支付意愿值为 59.78，利用双边界二分式下的参数估计方法得到的平均支付意愿值为 43.86。比较可知，平均补偿意愿高出二分式下平均支付意愿的估计值很多，平均补偿意愿额是单边界下平均支付意愿额的 2.54 倍，是双边界下平均支付意愿的 3.47 倍。

综合支付卡引导技术和二分式引导技术下的平均意愿支付额与平均补偿意愿额的关系可知，平均意愿补偿额都高于平均意愿支付额，支付卡引导技术下两者之比为 2.52 倍，二分式引导技术下两者之比是 2.54 倍。这一结果与 Adamowicz 等（1993）、Banford 等（1979）、Bateman 等（1997）、Benzion（1989）的研究结果非常接近，这些研究得出 WTA 与 WTP 的比值皆在 1.5 ～ 3 之间。Horowitz（2002）对大量相关文献的综述显示，对于私人产品，WTA 与 WTP 的比率相对较小，一般在 2 左右，而对于公共物品，WTA 与 WTP 的比率相对较大，一般在 10 左右。

11.4　小结

利用支付卡问卷对 WTP 和 WTA 关系的分析显示，支付意愿与补偿意愿没有显著的关系，意愿额与意愿补偿额虽然相关系数为正，但也不显著。原假设 H1 没有通过检验。利用非参数方法得到的平均支付意愿值与平均补偿意愿值具有较好的收敛性。平均补偿意愿值是平均支付意愿值的 2.52 倍。因此，综合来看，平均支付意愿与平均补偿意愿具有高度正相关性，原假设 H2 得到验证。

利用二分式问卷对 WTP 和 WTA 关系的分析显示，支付意愿与补偿意愿没有显著的关系。原假设 H1 没有通过检验。利用非参数方法得到的平均补偿意愿值与利用参数方法得到的平均支付意愿值，具有较好的收敛性。平均补偿意愿是单边界下平均支付意愿的 2.54 倍。可以说，平均支付意愿与平均补偿意愿具有高度正相关性，原假设 H2 得到验证。

第 12 章　CVM 的信度检验——时间稳定性

时间稳定性是检验 CVM 有效性的一个重要方面。研究对福州国家森林公园的调查持续三年，分为三个阶段，第一阶段和第二阶段利用支付卡式问卷，第三阶段为双边界二分式问卷。本部分利用三年的调查结果从样本结构、平均支付意愿估值、影响因素等方面检验 CVM 是否具有时间稳定性。

12.1　三个调查阶段的样本构成比较

调查共分三个阶段，第一个阶段（S1）为支付卡引导技术下的问卷调查，调查时间从 2015 年 10 月 1 日到 2016 年 1 月底，主要分布在十一黄金周、春节和部分周末时间。共发放问卷 300 份，回收问卷 262 份，剔除无效问卷和不完整问卷 17 份，有效问卷 245 份，问卷有效回收率为 81.67%。第二阶段（S2）为支付卡引导技术下的问卷调查，调查时间为从 2016 年 5 月 1 日到 2016 年 10 月 1 日期间的劳动节、国庆节和周末，共发放问卷 180 份，回收 158 份，无效问卷和不完整问卷 18 份，有效问卷 140 份，问卷有效回收率为 77.78%。第三个阶段（S3）为二分式引导技术下的问卷调查，调查时间从 2017 年的 5 月 1 日到 2017 年 10 月 7 日的劳动节、国庆节，共发放问卷 800 份，收回 758 份，无效问卷和不完整问卷 44 份，有效问卷 714 份，问卷有效回收率为 89.25%。三个阶段的有效问卷共 1099 份，构成如表 12-1 所示。

对表 12-1 中各个变量在三个阶段的样本结构进行方差分析，对于方差显著的变量再进行两两均值比较。对于数量少于 5 的类别进行合并，如收入构成中，月收入 10 000 元以上的人数少于 5 个，将 10 000 元以上的类别合并到

8 001 ～ 10 000 元类别，职业构成中，将其他类别合并到学生类别中。结果如表 12-2 所示。

从表 12-2 可知，教育背景、职业、收入、来源地四个变量在三个阶段的样本结构有显著差异。具体来看，教育背景虽然三个阶段的样本结构存在显著差异，但两两阶段之间样本结构的差异不显著。职业的显著差异则来自第一阶段与第二阶段、第一阶段与第三阶段的结构差异，第二阶段与第三阶段之间的样本结构不存在显著差异。收入的结构差异来自第二阶段与第三阶段之间的结构差异。来源地的结构差异来自第一阶段与第三阶段的结构差异。

总体上来看，三个调查阶段的样本中，性别、年龄、家庭人口、职称、居住地五个变量的样本结构在三个阶段没有显著差异，教育背景、职业、收入、来源地四个变量的样本结构在三个阶段存在显著差异，但差异并不太大，说明福州国家森林公园的旅游市场结构相对稳定。

表 12-1　调查样本结构比较

变量名称	样本结构	S1（2015 年）有效样本：245		S2（2016 年）有效样本：140		S3(2017 年）有效样本：714	
		频数 / 人	频率 / %	频数 / 人	频率 / %	频数 / 人	频率 / %
性别	男	131	53.47	70	50	378	52.94
	女	114	46.53	70	50	336	47.06
年龄	20 岁以下	52	21.22	22	15.83	107	14.99
	21 ～ 40 岁	136	55.51	99	71.22	464	64.99
	41 ～ 60 岁	40	16.33	14	10.07	113	15.83
	61 岁以上	17	6.94	4	2.88	30	4.20
家庭人口	1 ～ 2 人	9	3.67	13	9.29	37	5.18
	3 ～ 4 人	162	66.12	83	59.29	508	71.15
	5 人及以上	74	30.21	44	31.43	169	23.67
教育背景	初中以下	27	11.02	12	8.57	57	7.98
	高中与中专	52	21.22	40	28.57	138	19.33
	大专或本科	150	61.22	80	57.14	458	64.15
	研究生	16	6.53	8	5.71	61	8.54

续表

变量名称	样本结构	S1（2015 年）有效样本：245		S2（2016 年）有效样本：140		S3(2017 年）有效样本：714	
		频数 / 人	频率 / %	频数 / 人	频率 / %	频数 / 人	频率 / %
职业	政府及事业单位	24	9.80	11	7.86	84	11.76
	企业单位	52	21.22	42	30.0	217	30.39
	自由职业者	15	6.12	17	12.14	112	15.69
	退休人员	78	31.84	19	13.57	95	13.31
	学生及其他	76	31.02	51	36.43	206	28.85
职称	高级	21	8.57	5	3.57	41	5.74
	中级	46	18.78	25	17.86	166	23.25
	初级	26	10.61	23	16.43	92	12.89
	无职称	152	62.04	87	62.14	415	58.12
月收入	2 000 元以下	87	35.51	45	32.14	236	33.05
	2 001 ～ 4 000 元	64	26.12	48	34.29	168	23.53
	4 001 ～ 6 000 元	52	21.22	35	25	174	24.37
	6 001 ～ 8 000 元	25	10.20	6	4.29	57	7.98
	8 001 ～ 10 000 元	8	3.27	2	1.43	46	6.44
	10 000 元以上	8	3.27	4	2.86	33	4.62
来源地	福州市	101	41.22	64	45.71	358	50.14
	福建省其他地区	86	35.10	51	36.43	233	32.63
	福建省以外	58	23.67	25	17.86	117	16.39
居住地	市区	137	55.92	86	61.43	456	63.87
	市郊	75	30.61	36	25.71	146	20.45
	农村	33	13.47	18	12.86	112	15.69

表 12-2　三个阶段样本的结构差异分析

比较结果	三个阶段单因素方差分析		两两均值比较（Dunnett T3 检验）					
			S1 与 S2 比较		S1 与 S3 比较		S2 与 S3 比较	
解释变量	F 统计值	显著性水平	均值差	显著性水平	均值差	显著性水平	均值差	显著性水平
性别	0.23	0.794						
年龄	1.038	0.355						
家庭人口	2.231	0.108						

续表

比较结果	三个阶段单因素方差分析		两两均值比较（Dunnett T3 检验）					
			S1 与 S2 比较		S1 与 S3 比较		S2 与 S3 比较	
解释变量	F 统计值	显著性水平	均值差	显著性水平	均值差	显著性水平	均值差	显著性水平
教育背景	2.975	0.051*	0.033	0.966	−0.100	0.208	−0.132	0.143
职业	9.987	0.000***	0.354	0.02**	0.406	0.000****	0.052	0.947
职称	1.068	0.344						
收入	3.11	0.045**	0.118	0.685	−0.144	0.322	−0.262	0.032**
来源地	3.220	0.040**	0.103	0.494	0.145	0.038**	0.042	0.906
居住地	0.586	0.557						

注：* 表示在 10% 水平显著；** 表示在 5% 水平显著；*** 表示在 1% 水平显著。

12.2 支付卡问卷两个调查阶段支付意愿的影响因素比较

相同的影响因素在不同调查阶段、针对不同的估值方法是否具有相同的影响，是检验 CVM 方法稳定性的重要方法，其中重要的影响因素是游客的收入、满意度。下面针对支付卡两个阶段的样本数据，比较 OLS 参数估计方法和 Tobit 参数估计方法下两个阶段支付意愿影响因素的异同。

支付卡问卷调查的第一阶段共有有效问卷 245 份，排除 24 份抗议性支付问卷和 2 份支付不合理问卷，用于模型参数回归的问卷共 219 份。支付卡问卷调查的第二阶段共有有效问卷 140 份，排除 33 份抗议性支付问卷，用于模型参数回归的问卷共 107 份。

变量的量化方法见表 8-3。利用 OLS 方法对参数的估计结果如表 12-3 所示。利用 Tobit I 模型对参数的估计结果如表 12-4 所示。

从表 12-3 可知，收入对支付意愿都起着显著的正向影响，与理论一致。但从数值来看，第一阶段收入对支付意愿的影响程度大于第二阶段。满意度和旅游经历对支付意愿的影响在两个阶段都不显著，说明在两个阶段都不存在信息偏差。其他因素中，41 ～ 60 岁的游客的支付意愿在两个阶段都显著低于 20 岁以下的游客，而 21 ～ 40 岁的游客的支付意愿仅在第二阶段显著低于 20 岁以下的游客，在第一阶段的差异不显著。低职称的游客的支付意愿在第一阶段显著低于其他类型的游客，而在第二阶段的差异不显著。居住在市区的居民的支付意愿在第二阶段显著高于居住在市郊或农村的居民，而在第一阶段的差异不显著。

从两个阶段回归参数的符号来看，满意度、性别、人口、职业对支付意愿的影响在两个阶段的表现不一致，而年龄、教育水平、职称、来源地、居住地等变量对支付意愿的影响方向在两个阶段表现一致。

从表 12-4 可知，Tobit 模型回归结果与利用 OLS 模型回归的结果相似。两个阶段收入对支付意愿仍然起着显著的正向影响，与理论一致。从数值来看，第一阶段收入对支付意愿的影响程度大于第二阶段。满意度和旅游经历对支付意愿的影响在两个阶段都不显著，说明在两个阶段都不存在信息偏差。其他变量在两个阶段的表现与利用 OLS 回归结果基本一致。年龄、教育水平、职称、来源地、居住地等变量对支付意愿的影响方向在两个阶段表现一致。

表 12-3　支付卡问卷下支付意愿影响因素的 OLS 参数估计结果比较

解释变量	第一阶段样本（S1）		第二阶段样本（S2）	
	回归系数	t 统计值	回归系数	t 统计值
inc	25.12	2.46**	17.78	1.96*
sat	9.12	1.6	−10.89	−0.88
exp1	22.15	1.23	−10.50	−0.58
exp2	5.45	0.6	13.52	1.29
gen	−6.92	−1.02	15.67	1.37
age1	−9.18	−0.99	−26.27	−1.91*
age2	−36.85	−2.00**	−51.36	−2.83***
age3	−14.56	−0.74	−29.46	−0.83
fp1	6.25	0.18	−46.43	−2.30*
fp2	5.63	0.59	−2.46	−0.23
edu1	−49.08	−1.4	−19.67	−1.21
edu2	−33.07	−0.89	−19.69	−1.18
edu3	−46.18	−1.08	−34.99	−1.52
occ1	−3.18	−0.18	−33.51	−1.43
occ2	20.35	1.95	−9.90	−0.33
occ3	0.53	0.04	−48.49	−1.53
occ4	9.63	0.77	−24.67	−1.32
prof1	24.94	1.18	21.66	0.52
prof2	−19.73	−0.86	26.73	1.26
prof3	−37.29	−1.88*	−23.94	−1.25
ori1	13.42	0.87	5.55	0.27
ori2	3.41	0.35	13.11	0.83
des1	3.69	0.4	33.61	2.03*
des2	−2.62	−0.25	3.64	0.25
cons	−31.59	−1.09	60.89	1.32
R^2	0.250 4		0.344 3	
F 统计值	F（24，194）=1.27*		F（24，82）=1.77**	
样本量	219		107	

注：* 表示在 10% 水平显著；** 表示在 5% 水平显著；*** 表示在 1% 水平显著。

表 12-4　支付卡问卷下支付意愿影响因素的 Tobit 参数估计结果比较

解释变量	第一阶段样本（S1）		第二阶段样本（S2）	
	回归系数	t 统计值	回归系数	t 统计值
inc	29.12	5.65***	24.56	3.46***
sat	16.29	1.95*	-10.14	-1.03
exp1	22.59	1.65	-7.11	-0.4
exp2	0.62	0.05	25.20	1.59
male	-4.81	-0.45	20.80	1.53
age1	-11.41	-0.72	-36.63	-1.79*
age2	-42.35	-2.13**	-53.35	-2.04**
age3	-23.42	-0.83	-15.30	-0.43
pop1	10.08	0.32	-57.06	-2.3**
pop2	5.83	0.53	-12.17	-0.84
edu1	-67.36	-3.54***	-13.35	-0.57
edu2	-45.58	-2.61***	-10.47	-0.46
edu3	-55.49	-2.1**	-47.87	-1.39
occ1	2.64	0.12	-26.61	-1.02
occ2	28.68	1.79	3.19	0.13
occ3	7.35	0.28	-26.13	-0.99
occ4	7.96	0.49	-14.04	-0.64
prof1	21.51	1.1	16.43	0.58
prof2	-23.63	-1.57	21.93	1.04
prof3	-52.77	-2.79***	-27.46	-1.23
ori1	19.22	1.34	6.50	0.36
ori2	11.56	0.83	10.60	0.6
des1	6.95	0.43	45.83	2.08**
des2	1.09	0.06	3.92	0.17
cons	-71.64	-1.65	16.00	0.31
sigma	68.886 2		55.843 2	
LR chi2（24）	72.51***		48.44***	
Log likelihood	-1 067.298 3		-466.142 5	
样本量	219		107	

12.3　三个阶段平均支付意愿的比较

前面章节计算了第一阶段的非参数估计结果和支付卡下的参数估计结果以及二分式下的参数估计结果。下面先计算第二阶段的非参数估计结果，利用前面所介绍的非参数 WTP 均值计算的三种方法计算。其中，最后一个支付值（1000）的上边界为 1 200。第二阶段支付值的分布如表 12-5 所示。

表 12-5　支付卡问卷第二阶段游客支付意愿值的分布

WTP / 元	频数 / 人	频率 / %	累积频率 / %
0	25	23.15	23.15
1	2	1.85	25.00
2	1	0.93	25.93
3	1	0.93	26.85
5	10	9.26	36.11
6	2	1.85	37.96
8	2	1.85	39.81
9	0	0.00	39.81
10	17	15.74	55.56
12	0	0.00	55.56
15	2	1.85	57.41
16	0	0.00	57.41
20	13	12.04	69.44
25	0	0.00	69.44
30	3	2.78	72.22
40	4	3.70	75.93
50	12	11.11	87.04
60	1	0.93	87.96
70	0	0.00	87.96
80	0	0.00	87.96
100	9	8.33	96.30
120	0	0.00	96.30
160	0	0.00	96.30
200	0	0.00	96.30
300	2	1.85	98.15
400	1	0.93	99.07
500	0	0.00	99.07
800	0	0.00	99.07
1 000	1	0.93	100.00
合计	108	100	

①下边界求解方法：

$$E(\mathrm{WTP})_{\mathrm{L}}=\sum_{j=1}^{M}b_jP_j=40.32 \tag{12-1}$$

②中值求解方法：

$$E(\mathrm{WTP})_{\mathrm{M}}=\sum_{j=1}^{M}(\frac{b_j+b_{j+1}}{2})P_j=45.07 \tag{12-2}$$

③上边界求解方法：

$$E(\mathrm{WTP})_{\mathrm{U}}=\sum_{j=1}^{M}b_{j+1}P_j=49.83 \tag{12-3}$$

因此，按照非参数估计的三种方法，分别得到福州国家森林公园人均游憩价值依次为40.32元、45.07元和49.83元。

归纳不同估值方法在各个阶段的平均支付意愿的估计结果，得到表12-6。从表12-6知，第一阶段与第二阶段利用非参数方法得到的平均支付意愿值非常接近。从第一、二阶段全部样本的参数估计结果来看，利用区间线性模型和区间对数线性模型的估计结果与利用非参数方法得到的结果比较接近，但小于利用Tobit模型得到的估计结果。二分式问卷的估计结果与支付卡问卷的支付结果相比，支付卡问卷的支付结果小于二分式问卷的估计结果，这一结论与Andrea（2010）、蔡志坚（2017）的判断是一致的，因为二分式问卷投标数值间隔较大（甚至没有上限），会过高估计被访者的支付意愿值。

表12-6　三个阶段不同估值方法下的平均支付意愿的估计

样本调查时间	引导技术	估计类型	估计方法	样本量/人	效用模型	E(WTP)/元
2015年10月—2016年1月（第一阶段，S1）	支付卡	非参数估计	下边界	219		32.17
			中位值	219		35.35
			上边界	219		38.53
2016年10月—2016年12月（第二阶段，S2）	支付卡	非参数估计	下边界	107		31.36
			中位值	107		34.50
			上边界	107		37.64
2015年10月—2016年12月（第一、二阶段，S1、S2）	支付卡	参数估计	区间Normal模型	327	线性	29.29
			区间Log-Normal模型	269	对数线性	26.79
			Tobit I模型	327	线性	34.69
			Tobit II模型（线性）	327	线性	30.65
			Tobit II模型（对数线性）	第一部分：327 第二部分：269	对数线性	32.35
2017年5月—2017年10月（第三阶段，S3）	二分式	参数估计	单边界Probit	494	线性	41.36
			单边界Logit	494	线性	40.89
			双边界Oprobit	494	线性	28.22
			双边界Ologit	494	线性	30.35

12.4 时间稳定性总结

前面几节从样本结构、影响因素和平均支付意愿的估计三个方面比较了三个阶段的调查样本。这三个阶段持续三年时间，每一阶段持续半年多，两个阶段之间时间相差约半年。

从样本构成的比较结果来看，三个阶段的样本构成结构基本相似，性别、年龄、家庭人口、职称、居住地五个变量的样本结构在三个阶段没有显著差异，教育背景、职业、收入、来源地四个变量的样本结构在三个阶段存在显著差异。综合来看，样本结构差异并不太大，说明福州国家森林公园的旅游市场结构相对稳定。

在影响因素的稳定性检验方面，分别从引导技术的差异（支付卡问卷、二分式问卷）、时间跨度的差异（第一阶段支付卡问卷、第二阶段支付卡问卷、全部支付卡问卷）、效用模型的差异（线性效用模型、对数线性效用模型）和回归方法的差异（区间模型回归、Tobit模型回归、Logit模型和有序Logit模型回归）等方面进行了回归分析。从回归系数的结果来看，收入都对支付意愿起着显著的正向影响，而旅游经历、来源地都对支付意愿的影响不显著，说明所有的回归分析都与理论是一致的，且都不存在信息偏差。从不显著的变量的回归系数的符号来看，多数变量的回归系数符号是一致，但也有部分变量不一致。因为都不显著，意义并不大。这说明影响因素具有时间稳定性。

在平均支付意愿的稳定性检验方面，首先利用非参数估计方法对支付卡问卷下的第一阶段、第二阶段的平均支付意愿进行估计，然后利用不同的参数方法对不同引导技术（支付卡问卷、二分式问卷）、不同时间跨度（第一阶段支付卡问卷、第二阶段支付卡问卷、全部支付卡问卷）、不同效用模型（线性效用模型、对数线性效用模型）和不同回归方法（区间模型回归、Tobit模型回归、Logit模型和有序Logit模型回归）等得出的回归结果，分别计算出平均支付意愿值。从所有方法对平均支付意愿的估计结果来看，估计相当稳定，最小值为31.38，最大值为59.78，所有平均支付意愿的估值都介于31.38和59.78之间。

这说明虽然所用估值方法不同，但利用CVM估计的结果从时间角度来看是相对稳定的。

第 13 章　结论与展望

13.1　研究结论

从我国对森林公园经营情况的统计知道，在我国政策激励下，越来越多的森林景区转为公益性景区，由财政承担运营经费，免费向游客开放。因此，利用市场法评价森林景区价值的方法不再可行。CVM 作为一种模拟市场价值评估法，虽然被国内学者广泛关注已有近 20 年的时间，但有关 CVM 的介绍很不系统，另外，CVM 的可信度也一直受到怀疑，阻碍了该方法在我国的实践应用。本研究首先从理论上对 CVM 进行了全面系统介绍，然后以“嵌入偏差”相对较小、价值构成相对简单的福州国家森林公园为案例，通过连续三年的调查研究，为该方法在我国森林景区价值评价方面的应用提供一些参考。主要得出如下一些结论。

（1）理论方面对 CVM 进行了全面系统的介绍，包括评价公共物品价值的经济学理论基础，CVM 的原则、主要步骤和支付意愿引导技术、平均支付意愿的估值方法、估值偏差的来源与控制方法、问卷的设计与调查方法、信度与效度检验方法等。

（2）实证分析方面以福州国家森林公园为案例，以翔实的资料、数据对理论所涉及的内容逐一进行实证说明。尤其是在估值方法上，当前参数估计方法越来越多，本研究通过对不同方法的实证分析，显示估值方法对平均支付意愿的估计结果影响较小。

（3）收敛效度检验方面，首先利用非参数方法和支付卡问卷的第一阶段样本，对游客的平均支付意愿进行估计，然后利用 TCIA 方法对游客的平均支付意愿进行估计。结果显示，利用 CVM 非参数方法中的下边界法计算出的平均支付意愿为 34.45 元，而利用 TCIA 游憩价值的估计结果是 294.16 元，TCIA 方法估值是 CVM 方法估值的 8.54 倍，检验结果显示 CVM 的收敛效度较差；与中国的几个案例研究相比，收敛水平相对较好，但依然具有低估旅游资源的价值的倾向，CVM 评价森林景区游憩价值的收敛效度的检验还需要更多的案例积累。

（4）理论效度检验方面，CVM 评价森林景区的理论效度良好，研究与经济学理论基本一致，并且可以在现实生活中给予合理的解释。支付卡问卷中无论利用问卷的第一阶段、第二阶段还是全样本问卷，二分式问卷中无论利用单边界还是双边界，游客的支付意愿都与收入呈现显著的正向关系。而且所有回归中旅游经历和来源地都与支付意愿没有显著关系，说明都不存在信息偏差。居住地类型中，居住于市区的居民的支付意愿显著高于居住于市郊或农村的居民，这与人们的认知基本一致。城市居民相对于城郊或农村居民使用森林公园的机会更多，出游的意愿更强，平均收入水平也更高，因而支付意愿也更高。从职业来看，事业及政府单位人员的边际支付意愿表现最为强烈，同时边际支付金额也处于最高值，说明有稳定工作的居民比没有稳定工作的居民收入更有保证，更愿意为未来的消费支付作保证。

（5）内容效度检验方面，研究分别从拒绝支付的原因、支付工具、对研究对象的熟悉程度等方面验证了问卷内容之间的相互一致性。利用支付意愿与补偿意愿的关系验证了支付意愿与补偿意愿的相关性。虽然支付意愿与补偿意愿正相关性不显著，但是，无论是支付卡问卷，还是二分式问卷，利用非参数方法对平均补偿意愿的估计值与利用非参数方法或参数方法对平均支付意愿的估计值都具有高度收敛性。因此，可以说，游客所填内容之间能够相互印证，游客所填写内容基本是真实的、可信的。

（6）信度检验方面，研究利用再测信度检验方法检验了 CVM 的时间稳定性。具体包括样本构成稳定性、影响因素与支付意愿关系的稳定性、平均支付意愿的估计结果的稳定性三个方面。从检验结果知，经过半年的间隔，样本构成并没有发生太大的变化，影响因素与支付意愿的关系也都符合理论，对平均支付意愿的估计相差较小，说明 CVM 在福州国家森林公园游憩价值的评估方面具有较好的时间稳定性。

13.2 不足与展望

本书虽然运用传统检验的方法对 CVM 的收敛效度进行检验，分别从收敛效度与理论效度评估 CVM 在评估中国森林景区游憩价值的结构有效性，但是仍存在部分不足以及需要进一步研究的工作：

（1）虽然对调研过程可能产生的偏差进行了合理的控制，但从分析结果来看，可能产生了样本选择偏差以及奉承偏差（也可能是样本选择偏差造成的奉承偏差）；在以后的样本采集过程中，可以选择分层抽样的方法使得样本更具有代表性；从抗议支付来看，抗议支付率相对较高，容易造成对游憩价值的低估，如何更合理地降低抗议支付比重是今后研究的一个方向。

（2）虽然以福州国家森林公园为例，验证了 CVM 评价森林景区的理论效度，但是由于这方面研究案例较少，还需要进一步的案例积累，为 CVM 理论有效性提供足够的证据；其次，仅仅验证 CVM 的理论效度还不能足以说明 CVM 适合评价中国森林景区的游憩价值，还需要从其他评价标准进行重复检验；最后，森林公园仅仅作为森林景区的一个个例，还需要进一步对其他类型的森林景区进行 CVM 的结构效度检验，以便为 CVM 在森林景区中的应用与推广积累更多的案例，并且为构建适合广大发展中国家的森林景区游憩价值的 CVM 评估实施规范提供参考经验，这也是下一步进行该领域研究的重点工作。

参考文献

巴比,2002. 社会研究方法 [M]. 邱泽奇,译. 北京:华夏出版社:95-98.

敖长林,李一军,冯磊,2010. 基于 CVM 的三江平原湿地非使用价值评价 [J]. 生态学报,30(23):6470-6477.

白墨,2001. 北京市环境经济评估的意愿调查法研究 [D]. 北京:北京大学.

查爱苹,邱洁威,2016. 条件价值法评估旅游资源游憩价值的效度检验:以杭州西湖风景名胜区为例 [J]. 人文地理 (1):154-160.

成程,肖燚,欧阳志云,等,2013. 张家界武陵源风景区自然景观价值评估 [J]. 生态学报,33(3):771-779.

蔡春光,陈功,乔晓春,等,2007. 单边界、双边界二分式条件价值评估方法的比较:以北京市空气污染对健康危害问卷调查为例 [J]. 中国环境科学,27(1):39-43.

蔡银莺,张安录,2008. 武汉市石榴红农场休闲景观的游憩价值和存在价值估算 [J]. 生态学报,28(3):1201-1209.

蔡志坚,杜丽永,蒋瞻,2011. 条件价值评估的有效性与可靠性改善:理论、方法与应用 [J]. 生态学报,31(10):2915-2923.

蔡志坚,杜丽永,杨加猛,2013. 森林环境价值 CVM 评估有效性改进的研究进展 [J]. 南京林业大学学报(自然科学版)(1):153-159.

蔡志坚,杜丽永,2017. 流域生态系统恢复价值评估:CVM 有效性与可靠性改进视角 [M]. 北京:中国人民大学出版社.

曹建军,任正炜,杨勇,等,2008. 玛曲草地生态系统恢复成本条件价值评估 [J]. 生态学报 (4):1872-1880.

陈强,2016. 高级计量经济学及 Stata 应用 [M].2 版. 北京:高等教育出版社.

陈颖翱,张勇,2011. 基于 CVM 的宁波天童天然林碳汇贸易研究 [J]. 环境科学与

技术 (2):178-182+192 .
董雪旺 , 张捷 , 刘传华 , 等 ,2011. 条件价值法中的偏差分析及信度 和效度检验 : 以九寨沟游憩价值评估为例 [J]. 地理学报 ,66(2):267-278.
董雪旺 , 张捷 , 蔡永寿 , 等 ,2012. 基于旅行费用法的九寨沟旅游资源游憩价值评估 [J]. 地域研究与开发 ,31(5):78-84.
丁振民 , 黄秀娟 , 朱佳佳 ,2017.CVM 评价森林景区游憩价值的内容效度检验 : 以福州国家森林公园为例 [J]. 林业经济问题 ,20(3):46-51.
杜丽永 , 蔡志坚 , 杨加猛 , 等 ,2013. 运用 Spike 模型分析 CVM 中零响应对价值评估的影响 : 以南京市居民对长江流域生态补偿的支付意愿为例 [J]. 自然资源学报 ,28(6):1007-1018.
段百灵 , 黄蕾 , 班婕 , 等 , 2010. 洪泽湖生物多样性非使用价值评估 [J]. 中国环境科学 (8):1135-1141.
高汉琦 , 牛海鹏 , 方国友 , 等 , 2011 . 基于 CVM 多情景下的耕地生态效益农户支付 / 受偿意愿分析 : 以河南省焦作市为例 [J]. 资源科学 (11):2116-2123.
关海玲 , 梁哲 , 2016. 基于 CVM 的山西省森林旅游资源生态补偿意愿研究 : 以五台山国家森林公园为例 [J]. 经济问题 (10):105-109.
郭剑英 , 王乃昂 ,2005. 敦煌旅游资源非使用价值评估 [J]. 资源科学 ,27(5):188-192.
郭剑英 , 2007. 乐山大佛旅游资源的国内旅游价值评估 [J]. 地域研究与开发 ,26(6):104-107.
郭亮 ,2007. 五大连池旅游资源非使用价值评估 [D]. 哈尔滨 : 哈尔滨工业大学 .
国家林业和草原局 ,2018. 中国林业统计年鉴（2017）[M]. 北京：中国林业出版社 .
胡喜生 , 洪伟 , 吴承祯 , 等 ,2013. 条件估值法评估资源环境价值关键方法的改进 [J]. 生态学 ,32(11):3101-3108.
兰思仁 , 戴永务 , 沈必胜 ,2014. 中国森林公园和森林旅游的三十年 [J]. 林业经济问题 ,34(2):97-106.
兰思仁 ,2001. 森林景观资产评估的实证分析 [D]. 厦门 : 厦门大学 .
李长健 , 孙富博 , 黄彦臣 ,2017. 基于 CVM 的长江流域居民水资源利用受偿意愿调查分析 [J]. 中国人口 • 资源与环境 ,27(6):110-118.
刘彩霞 ,2008. 峨眉山风景名胜区旅游资源经济价值评估研究 [D]. 成都 : 西南交通大学 .

刘亚萍,2007. 生态旅游区游憩资源经济价值评价研究 [D]. 长沙:中南林业科技大学.

刘亚萍,潘晓芳,钟秋平,等,2006. 生态旅游区自然环境的游憩价值:运用条件价值评价法和旅行费用法对武陵源风景区进行实证分析 [J]. 生态学报,26(11):3766-3774.

刘亚萍,赫雪姣,金建湘,等,2014. 基于二分式诱导技术的 WTP 值测算与偏差分析:以广西北部湾经济区滨海生态环境保护为例 [J]. 资源科学,36(1):156-165.

罗绍林,冯一隆,1984. 台湾森林游乐资源之经济评价 [J]. 中华林学季刊,17(2):25-51.

屈小娥,李国平,2012. 陕北煤炭资源开发中的环境价值损失评估研究:基于 CVM 的问卷调查与分析 [J]. 干旱区资源与环境 (4):73-80.

麦克尼利,米勒,瑞德,等,1991. 保护世界的生物多样性 [M]. 薛达元,等,译. 北京:中国环境科学出版社.

孟永庆,陈应发,1994. 森林游憩价值评估的 8 种方法 [J]. 林业经济 (6):60-65.

彭文静,姚顺波,冯颖,2014. 基于 TCIA 与 CVM 的游憩资源价值评估:以太白山国家森林公园为例 [J]. 经济地理 (9):186-192.

石玲,马炜,孙玉军,等,2014. 基于游客支付意愿的生态补偿经济价值评估 [J]. 长江流域资源与环境,23(2):180-188.

唐增,徐中民,2009.CVM 评价农户对农业水价的承受力:以甘肃省张掖市为例 [J]. 冰川冻土 (3):560-564

王凤珍,周志翔,郑忠明,2010. 武汉市典型城市湖泊湿地资源非使用价值评价 [J]. 生态学报 (12):3261-3269.

王尔大,李莉,韦健华,2015. 基于选择实验法的国家森林公园资源和管理属性经济价值评价 [J]. 资源科学,37(1):193-200.

王金南,马国霞,於方,等,2018.2015 年中国经济 - 生态生产总值核算研究 [J]. 中国人口·资源与环境,28(2):1-7.

王丽芳,张志刚,孙昊天,等,2015. 基于 TCM 的森林公园游憩价值评估:以垣曲历山风景区为例 [J]. 农业技术经济 (5):122-128.

王显金,钟昌标,2018. 基于 CVM 的海涂湿地生态服务价值的模糊评估模型 [J].

生态学报 ,38(8):2974-2983.

许丽忠 , 吴春山 , 王菲凤 , 等 ,2007. 条件价值法评估旅游资源非使用价值的可靠性检验 [J]. 生态学报 ,27(10):4302-4309.

徐中民 , 张志强 , 程国栋 , 等 ,2002. 额济纳旗生态系统恢复的总经济价值评估 [J]. 地理学报 ,57(1):107-116.

徐中民 , 张志强 , 龙爱华 , 等 ,2003. 额济纳旗生态系统服务恢复价值评估方法的比较与应用 [J]. 生态学报 ,23(9):1841-1850.

薛达元 ,1997. 生物多样性经济价值评估 : 长白山自然保护区案例研究 [M]. 北京 : 中国环境科学出版社 .

游巍斌 , 何东进 , 洪伟 , 等 ,2014. 基于条件价值法的武夷山风景名胜区遗产资源非使用价值评估 [J]. 资源科学 ,36(9):1880-1888.

于雯雯 ,2008.CVM 在生态旅游资源价值评估中的应用 : 以北京植物园为例 [D]. 北京 : 首都师范大学 .

俞玥 , 何秉宇 ,2012. 基于 CVM 的新疆天池湿地生态系统服务功能非使用价值评估 [J]. 干旱区资源与环境 ,26(12):53-58.

张金泉 ,2007. 基于 CVM 的黄山旅游资源非使用价值评估研究 [D]. 上海 : 上海师范大学 .

张红霞 , 苏勤 ,2011. 基于 TCM 的旅游资源游憩价值评估 : 以世界文化遗产宏村为例 [J]. 资源开发与市场 ,27(1):90-93.

张翼飞 ,2012.CVM 研究中支付意愿问卷“内容依赖性”的实证研究 : 以上海城市内河生态恢复 CVM 评估为例 [J]. 中国人口 • 资源与环境 ,22(6):170-176.

张茵 , 蔡运龙 ,2004,. 基于分区的多目的地 TCM 模型及其在游憩资源价值评估中的应用 : 以九寨沟自然保护区为例 [J]. 自然资源学报 19(5):651-661.

张茵 , 蔡运龙 ,2010. 用条件估值法评估九寨沟的游憩价值 :CVM 的校正与比较 [J]. 经济地理 ,30(7):1205-1211.

张志强 , 徐中民 , 程国栋 , 等 ,2002. 黑河流域张掖地区生态系统服务恢复的条件价值评估 [J]. 生态学报 ,22(6):885-893.

张翼飞 ,2007.CVM 评估生态服务价值的经济有效性和可靠性理论述评 [J]. 生态经济 (6):34-37+56.

赵玲 , 王尔大 , 苗翠翠 ,2009.ITCM 在我国游憩价值评估中的应用及改进 [J]. 旅游学刊,24(3):63-69.

赵军,杨凯,2006. 自然资源与环境价值评估:条件估值法及应用原则探讨 [J]. 自然资源学报,21(5):834-843.

郑伟,沈程程,乔明阳,等,2014. 长岛自然保护区生态系统维护的条件价值评估 [J]. 生态学报 (1):82-87.

《中国生物多样性国情研究报告》编写组,1997. 中国生物多样性国情研究报告 [R]. 北京:中国环境科学出版社:191-210.

ABEDI Z,ARDAKANI A F,HANIFNEJAD A R,et al.,2014.Groundwater valuation and quality preservation in Iran: the case of Yazd[J].International Journal of Environmental Research,8(1):213-220.

ADAMAN F,KARAL N,KUMBAROLU G,et al.,2011.What determines urban households' willingness to pay for CO_2 emission reductions in Turkey:a contingent valuation survey[J].Energy Policy,39(2):689-698.

ADAMOWICZ W L,BHARDWAJ V,MACNAB B,1993.Experiments on the difference between willingness to pay and willingness to accept[J].Land Economics, 69:416-427.

AIKOH T,SHOJI Y,TSUGE T,et al.,2018.Application of the double-bounded dichotomous choice model to the estimation of crowding acceptability in natural recreation areas[J/OL].Journal of Outdoor Recreation and Tourism(2018-11-14) [2019-08-12].https:// doi.org/10.1016/ j.jort.2018.10.006.

AJZEN I, BROWN T C,ROSENTHAL L H,1996. Information bias in contingent valuation:effects of personal relevance,quality of information,and motivational orientation[J].Journal of Environmental Economics and Management,30:43-57.

ALBERINI A,BOYLE K,WELSH M,2003.Analysis of contingent valuation data with multiple bids and response options allowing respondents to express uncertainty[J]. Journal of Environment Economic Management,45(1):40-62.

ANDERSON J,VADNJAL D,UHLIN H E,2000.Moral dimensions of the WTA-WTP disparity: an experimental examination[J].Ecological Economics, 32(1):153-162.

ANDREA B,ANNE K F,DAVID H,2010.Tropical forest conservation: attitude and preference[J].Forest Policy and Economics,12:370-376.

ANDREONI J,1989.Giving with impure altruism:applications to charity and ricardian equivalence[J].Journal of Political Economy,97:1447-1458.

ARDAKANI A F, ALAVI C, ARAB M,2017.The comparison of discrete payment vehicle methods (dichotomous choice) in improving the quality of the environment[J].International Journal of Environmental Science and Technology, 14(7):1409-1418.

ARROW K,SOLOW R,PORTNEY P R,et al., 1993.Report of the NOAA panel on contingent valuation[J].National Oceanic and Atmospheric Administration Report[J].Federal Register,58(10):4601-4614.

ARVIN B V,RANDALL S R, 2015.Estimating the recreational value of taal volcano protected landscape, philippines using benefit transfer[J].Journal of Environmental Science and Management,18(1):12-13.

BANFORD N D,KNETSCH J,MAUSER G,1979.Feasibility judgments and alternative measures of benefits and costs[J].Journal of Business Adminastation,11(1):25-35.

BAKTI H B,MOHD Z A, 2016. Can Benefits in Recreational Parks in Malaysia Be Transferred? A Choice Experiment (CE) Technique[J].International Journal of Tourism Research,18(1):19-26.

BATEMAN I J,MUNRO A,RHODES B,et al.,1997. A test of the theory of reference dependent preferences[J].Quarterly Journal of Economics, 112(2):479-505.

BATEMAN I J,1991a.Recent development in evaluatioa of non-timber forest products:the extended CBA method[J].Quarterly Journal of Forestry,85(2):80-102.

BATEMAN I J,1991b.Placing money value on the unpriced benefits of forestry[J]. Quarterly Journal of Forestry,85(3):152-165.

BATEMAN I J,LANGFORD I H,RASBASH J,1999.Willingness-to-pay question form at effects in contingent valuation studies[M]//BATEMAN I J,WILLIS K G.Valuing environmental preferences.Oxford:Oxford University Press:511-539.

BATEMAN I J,LANGFORD I H,ANDREW P J,et al.,2001.Bound and path effects in double and triple bounded dichotomous choice contingent valuation[J].Resource and Energy Economics,23(1):191-213.

BENSON J F,1991.Value of non-priced recreation on the forestry commission estate in Great Britain[J].Journal of World Forest Resources Management(6):49-73.

BENSON J F,1992. Public values for environmental features in commercial forests[J]. Quarterly Journal of Forestry,86(1):9-17.

BENZION U,RAPOPORT A,YAGIL J,1989.Discount rates inferred from decisions: An experimental study[J].Management Science,35:270-284.

BERGSRTOM J C,STOLL J R,RANDALL A,1990.The impact of information on environmental commodity valuation decisions[J].American Journal of Agricultural Economics,72:614-21.

BISHOP R C,2018.Warm glow,good feelings,and contingent valuation[J].Journal of Agricultural and Resource Economics,43(3):307-320.

BOMAN M,BOSTEDT G, KRISTRÖM B,1999.Obtaining welfare bounds in discrete-response valuation studies:An non-parametric approach[J].Land Economics,75(2):284-294.

BOYLE K J,BISHOP R C,WELSH M P,1985.Starting point bias in contingent valuation bidding games[J].Land Economics,61:188-94.

BOYLE K J,WELSH M P,BISHOP R C,1993.The role of question order and respondent experience in contingent valuation studies[J].Journal of Environmental Economics and Management,95(1):80-90.

BOYLE K J,JOHNSON F R,MCCOLLUM D W,et al.,1996.Valuing public goods: Discrete versus continuous contingent valuation responses[J].Land Economics, 72(3): 81-96.

BROOKSHIRE D S,THAYER M A,SCHULZE W D, et al.,1982.Valuing Public Goods:A Comparison of Survey and Hedonic Approaches[J].The American Economic Review,72(1):165-177.

BROOKSHRINE D S,COURSEY D L,1987.Measuring the value of a public good:an empirical comparison of elicitation procedures[J].American Economic Review,77:554-566.

BROUWER R,2006.Do stated preference methods stand the test of time? A test of the stability of contingent values and models for health risks when facing an extreme event[J].Ecological Economics,60:399-406.

BROUWER R,AKTER S,BRANDER L, et al.,2008. Economic valuation of flood risk exposure and reduction in as everely flood prone developing country[J]. Environment and Development Economics,14:1355-1770.

BROWN G J,HAMMACK J,1973.Dynamic Economics Management of Migratory Waterfowl[J].Review of Economics and Statistics,55(1):73-82.

BUCKLEY C,RENSBURG T M,HYNES S,2009.Recreational demand for farm commonage in Ireland:A contingent valuation assessment[J].Land Use Policy,26:846-854.

CAMERON T A,HUPPERT D D,1989.OLS versus ML estimation of non-market resource values with payment card interval data[J].Journal of Environmental Economics and Management,17(3):230-246.

CAMERON T A,POE G L,ETHIER R G,et al.,2002.Alternative non-market value-elicitation methods:Are the underlying preferences the same?[J] Journal of Environmental Economics and Management,44:391-425.

CARSON R T,HANEMANN M,STEINBERG D, 1990.A discrete choice contingent valuation estimate of the value of Kenai King salmon[J].Journal of Behavioral Economics,19(1):53-68.

CARSON R T,FLORES N E,MARTIN K M,et al.,1996.Contingent Valuation and Revealed Preference Methodologies:Comparing the Estimates for Quasi Public Goods[J]. Land Economics,71(1):80-99.

CARSON R T,FLOREL N E,MEADE N F,2001.Contingent Valuation: Controversies and Evidence[J].Environmental and Resource Economics, 19(1):173-210.

CARSON R T,2012a.Contingent Valuation:A Practical Alternative When Prices Aren't Available[J].Journal of Economic Perspectives,26(4):27-42.

CARSON R T,2012b.Contingent Valuation:A Comprehensive Bibliography and History[J].Cheltenham,U K:Edward Elgar Publishing,36(2):175-177.

CHEN H G, WANG Q D, LI C Y,2014. WTP guidance technology, a comparison of payment card, single-bounded and double-bounded dichotomous formats for evaluating non-use values of Sanjiang Plain ecotourism water resources[J].The Journal of Applied Ecology, 25(9):2709-2715.

CHAUDHRY P,TEWARI V P,2006.A comparison between TCM and CVM in assessing the recreational use value of urban forestry[J].International Forestry Review,8(4):439-448.

CHIEN Y L,HUANG C J,SHAW D,2005.A general model of starting point bias in double-bounded dichotomous contingent valuation surveys[J].Journal of Environment Economics Management,50:362-77.

CHOI A S,2013.Nonmarket values of major resources in the Korean DMZ areas:A test of distance decay[J].Ecological Economics,88:97-107.

CIRIACY-WANTRUP S V,1947.Capital returns from soil-conservation practices[J]. Journal of Farm Economics,29:1181-1196.

CRAGG J G,1971.Some Statistical Models for Limited Dependent Variables with Application to the Demand for Durable Goods[J].Econometrica , 39(5): 829-844.

CUMMINGS R G,BOROKSHIRE D S,SCHULZE W D, 1986.Valuing the environmental goods: A state of the arts assessment of the contingent valuation[M]. Totowa,NJ:Roweman and Allnaheld.

DAMBALA GELO D, KOCH S F,2015.Contingent valuation of community forestry programs in Ethiopia:Controlling for preference anomalies in double-bounded CVM[J].Ecological Economics,114(1):79-89.

DANIEL D,JOHN L,CRAIG B,2009.Non-market valuation of off-highway vehicle recreation in Larimer County,Colorado:Implications of trail closures[J].Journal of Environmental Management,90(11):3490-3497.

DAVID C, KRISTÍN E, BRYNHILDUR D,et al.,2018.The contingent valuation study of Heiðmörk,Iceland:Willingness to pay for its preservation[J].Journal of Environmental Management,209(1):126-138.

DAVIS R K, 1963.Recreation planning as an economic problem[J].Natural Resources Journal(3):239-249.

DAVID S B,1986. Existence values and normative economics:implication for valuing water resources[J].Water Resources Research,22(11):1509-1518.

DAVID P,DOMINIC M, 1994.The economic Value of Biodiversity[M].London: IUCN: 1-89.

DESVOUGES W H,HUDSON S P,RUBY M C,1996.Evaluating CV Performance: Separating the Light from the Heat[M]//BJORNSTAD D J, KAHN J R.The Contingent Valuation of Environmental Resources: Methodological Issues and Research Needs.Massachusetts: Edward Elgar Publishing,Inc.:117-128.

DESVOUSGES W H,JOHNSON F R,DUNFORD R W,et al., 1993.Measuring natural resource damages with contingent valuation:tests of validity and reliability[M]// HAUSMAN J A. Contingent valuation: a critical assessment. Amsterdam: North Holland: 91-159.

DHAKAL B,YAO R T,TURNER J A,et al.,2012.Recreational users' willingness to pay and preferences for changes in planted forest features[J].Forest Policy and Economics(17): 34-44.

DIAMOND P A,HAUSMAN J A,1994.Contingent Valuation: Is Some Number better than No Number? [J] The Journal of Economic Perspectives, 8(4):45-64.

DUFFIELD J W,PATTERSON D A,1991.Inference and Optimal Design for a Welfare Measure in Dichotomous Choice Contingent Valuation[J].Land economics,67(2):225-239.

DUTTA M,BANERJEE S,HUSAIN Z,2007.Untapped demand for heritage: A contingent valuation study of Prinsep Ghat,Calcutta[J].Tourism Management, 28:83-95.

FABER M,PETERSEN T,SCHILLER J,2002.Homoeconomics and homopolitics in ecological economics[J].Ecological Economics,40:323-333.

HAAB T C,MCCONNELL K E,2003.Valuing environmental and natural resources: The econometric of non-market valuation[M].Northhampton,M. A.:Edward Elgar.

HANEMANN M W,1984.Welfare evaluations in contingent valuation experiments with discrete responses[J].American Journal of Agricultural Economics, 66:332-41.

HANEMANN M W,1985.Some issues in continuous and discrete response contingent valuation studies[J].Northeastern Journal of Agricultural and Resource Economics,14:5-13.

HANEMANN M W,1991.Willingness to pay and willingness to accept:how much can they differ? [J].American Economic Review,81(3):635-647.

HANEMANN M W,LOOMIS J, KANNINEN B, 1991.Statistical efficiency of double-bounded dichotomous choice contingent valuation[J].American Journal of Agricultural Economics,73(4):1255-1263.

HEBERLEIN T A,BISHOP R C, 1979.Measuring values of extramarket goods: Are indirect measures biased?[J].American Journal of Agricultural Economics, 61 (5):926-930.

HECKMAN J J, 1979.Sample selection bias as a specification error[J]. Econome-trica, 47(1): 153-161.

HOLMS T P,KRAMER R A,1995.An independent sample test of yea-saying and starting point bias in dichotomous-choice contingent valuation[J].Journal of Environmental Economics and Management,29:121-32.

HOROWITZ J,MCCONNELL K,2002.A review of WTA/WTP studies[J].Journal of Environmental Economics and Management,44:426-447.

JOHN A A,SORADA T,2008.A contingent valuation study of scuba diving benefits: Case study in Mu Ko Similan Marine National Park,Thailand[J].Tourism Management,29:1122-1130.

JOHN R,BRENDA D,2010.Testing for convergent validity between travel cost and contingent valuation estimates of recreation values in the Coorong, Australia[J].The Australian Journal of Agricultural and Resource Economics,54(4):583-599.

KAHNEMAN D, KNETSCH J L,THALER R H,1990.Experimental test of the endowment effect and the Coase theorem[J].Journal of Political Economy, 98(6):1325-1348.

KAHNEMAN J L,1992.Valuing Public Goods: The Purchase of Moral Satisfaction[J]. Journal of Environmental Economies and Management, 22:57-70.

KAMRI T,2013.Willingness to Pay for Conservation of Natural Resources in the Gunung Gading National Park, Sarawak[J].Procedia:Social and Behavioral Sciences,101:506-515.

KANNINEN B J,1993.Optimal experimental design for double-bounded dichotomous choice contingent valuation[J].Land Economics,69(2):138-146.

KIM S S,WONG K K F,CHO M, 2007.Assessing the economic value of a world heritage site and willingness-to-pay determinants: A case of Changdeok Palace[J]. Tourism Management, 28:317-322.

KNETSCH J L,DAVIS R K,1966.Comparisons of methods for resource evaluation[M]//KNEESE A V,SMITH S C.Water research.BALTIMORE,M.D.:Johns Hopkins University Press/ Resources for the Future.

KRISTRAM B,1997.Spike models in contingent valuation[J].American Journal of Agricultural Economics,79(3):1013-1023.

KRISTRÖM B,1990.A non-parametric approach to the estimation of welfare measures in discrete response valuation studies[J].Land Economics, 66(2):135-139.

KRUTILLA J V, 1967.Conservation Reconsidered[J].American Economic Review, 57(4):777-786.

LEE C K,HAN S Y,2002.Estimating the use and preservation values of national parks' tourism resources using a contingent valuation method[J].Tourism Management,23(10): 531-540.

LEE C Y,HEO H,2016.Estimating willingness to pay for renewable energy in South Korea using the contingent valuation method[J].Energy Policy,94(1):150-156.

LEE S J,CHUNG H K,JUNG E J,2010.Assessing the warm glow effect in contingent valuations for public libraries[J].Journal of Librarianship and Information Science, 42(4): 236-244.

LIENHOOP N,ANSMANN T,2011.Valuing water level changes in reservoirs using two stated preference approaches:An exploration of validity[J].Ecological Economics,70(2): 1250-1258.

LOOMIS J B,BATEMAN I, 1993.Some empirical evidence on embedding effect in contingent valuation of forest protection[J].Journal of Environmental Economics and Management, 24(1):45-55.

LOOMIS J B,GONZALEZ-CABAN A,GREGORY R,1994.Do remainders of substitutes and budget constraints influence contingent valuation estimates?[J]. Land Economics,70:499-506.

LUIS C H,SANZ J A,DEVESA M, 2011.Measuring the economic value and social viability of a cultural festival as a tourism prototype[J].Tourism Economics, 17(3):

639-653.

LYSSENKO N,MARTÍNEZ-ESPIÑEIRA,ROBERTO M E,2012.Respondent uncertainty in contingent valuation: the case of whale conservation in Newfoundland and Labrador[J].Applied Economics,44(15):1911.

MARIA L L,JOHN B L,MARIA X V,2009.Economic valuation of environmental damages due to the prestige oil spill in Spain[J].Environment Resource Economics,44:537-553.

MARIO S,ALBINO P,MARÍA X V,2010.Designing a forest-energy policy to reduce forest fires in Galicia (Spain):A contingent valuation application[J]. Journal of Forest Economics,16(3):217-233.

MATTHEW G I,TIMOTHY C H,2014.Overheating willingness to pay:who gets warm glow and what it means for valuation[J].Agricultural and Resource Economics Review ,43(2):266-278.

MATTHEWS D I,HUTCHINSON W G,SCARPA R,2009.Testing the stability of the benefit transfer function for discrete choice contingent valuation data[J].Journal of Forest Economics,15(1):131-146.

MCCONNELL K,STRAND I,VALDÉS S,1998.Testing temporal reliability and carry-over effect: the role of correlated responses in test-retest reliability studies[J]. Environmental & Resource Economics,12(3):357-374.

MICHAEL A K,STEPHANIE A S,JOSEPH S,et al.,2008.What does it take to get family forest owners to enroll in a forest stewardship-type program?[J].Forest Policy and Economics,10(7-8):507-514.

MITCHELL R C,CARSON R T,1989.Using surveys to value public goods:the contingent valuation method[M].Washington,D. C.:Resource for the Future.

MJELDE J W,KIM H,KIM T K,et al.,2016. Estimating willingness to pay for the development of a Peace Park ssing CVM: the case of the Korean demilitarized zone[J].Geopolitics,22(1):151-175.

NOAA,1993.Report of the NOAA Panel on Contingent Valuation[R].Federal Register,58(10): 4601-4614.

NEILL H R, 1995.The context for substitutes in CVM studies:some empirical observations[J].Journal of Environmental Economics and Management, 29:393-397.

NYBORG K, 2000.Homoeconomics and homopoliticus: Interpretation and aggregation of environmental values[J]. Journal of Economic Behavior & Organization, 42:305-322.

OECD,1995.The economic appraisal of environmental projects and policies: a practical guide[R].Paris:OECD:2-99.

OERLEMANS L A G,CHAN K Y,VOLSCHENK J,2016.Willingness to pay for green electricity: A review of the contingent valuation literature and its sources of error[J].Renewable and Sustainable Energy Reviews, 66(3):875-885.

RANDALL A,IVES B,EASTMAN C,1974.Bidding games for valuation of aesthetic environmental improvements[J].Journal of Environmental Economics & Management, 1(2):1-149.

READY R C,BUZBY J C,HUD,1996.Differences between continuous and discrete contingent value estimates[J].Land Economics,72:397-411.

REMOUNDOU K,KOUNTOURIS Y,KOUNDOURI P,2012.Is the value of an environmental public good sensitive to the providing institution?[J].Resource and Energy Economics,34(3):381-395.

RERBERT E A,2008.A travel cost study to estimate recreational value for a bird refuge at Leke Manyas,Turkey[J].Journal of Environmental Management, 88(4):1350-1360.

RODRIGUEZ D J,2009.The use of economic analysis for water quality improvement investments[D].Groningen:University of Groningen.

ROLLINS K,LYKE A,1998.The case for diminishing marginal existence values[J]. Journal of Environmental Economics and Management, 36(3):324-324.

RUIJGROK E C M,2006.The three economic values of cultural heritage:A case study in the Netherlands[J].Journal of Cultural Heritage,7:206-213.

SALAZAR S D S,2005,Marques J M.Valuing cultural heritage:The social benefits of restoring and old Arab tower[J].Journal of Cultural Heritage, 6:69-77.

SALVADOR DEL S S,Miguel A G R, Francisco G G,et al.,2016.Managing water resources under conditions of scarcity:on consumers' willingness to pay for improving water supply infrastructure[J].Water Resource Management, 30(5): 1723-1738.

SAMPLES K C,HOLLYER J R, 1990.Contingent valuation of wildlife resources in the presence of substitutes and complements[M]//JOHNSON R L,JOHNSON G V.Economic valuation of natural resources:issues, heory and application. Boulder: West view Press:177-192.

SEIP K,STRAND J,1992.Willingness to pay for environmental goods in Norway: A contingent valuation study with real payment[J].Environmental and Resource Economics,2(1): 91-106.

SHOGREN J F,SHIN S Y,HAYES D J,et al.,1994.Resolving differences in willingness to pay and willingness to accept[J].American Economic Review,84:255-270.

SHRESTHA R K,LOOMIS J B,2001.Testing a meta-analysis model for benefit transfer in international outdoor recreation[J].Ecological Economics,39(1):67-83.

SMITH V K,OSBORNE L L,1996.Do contingent valuation estimates pass a "scope" test? A meta-analysis[J].Journal of Environmental Economics and Management,31(3): 287-301.

TABATABAEI M,LOOMIS J B,MCCOLLUM D W,2015.Nonmarket benefits of reducing environmental effects of potential wildfires in beetle-killed trees:a contingent valuation study[J].Journal of Sustainable Forestry, 34(8):720-737.

The Outspan Group,1996.Benefits of Protected Areas,for Parks Canada[R].Department of Canadian Heritage, Hull.

The Outspan Group,2000.The Economic Benefits of Protected Areas.A Guide for Estimating Personal Benefits[R].Economic Framework Project Report 510-e.

TOBIN J, 1958.Estimation of relationship for limited dependent variables[J]. Econometrica, 26(1):24-36.

TOMOHARA A,2005.Imputing unknown market values:a different perspective on the disparity between WTP and WTA[J].Journal of Environmental Planning and Management,48(2): 241-256.

TOSHISUKE M,HIROSHI T,2008.An economic evaluation of Kanazawa and

Shichika irrigation water’ s multi-functional roles using CVM:a comparison of the regional function of irrigation water at urban and rural areas in Ishikawa prefecture, Japan[J].Paddy Water Environment,6:309-318 .

TUAN T H,NAVRUD S,2008.Capturing the benefits of preserving cultural heritage[J]. Journal of Cultural Heritage,9:326-337.

TVERSKY A,KAHNEMAN D,1991.Loss aversion in riskless choice:a reference-dependent model[J].Quarterly Journal of Economics,106:1039-61.

TYRE G L,1975.Average costs of recreation on national forests in the South[J]. Journal of Leisure Research,7(2):114-120.

UNEP, 1993.Guidelines for country studies on biological diversity[R].Nairobi,Kenya: UNEP:10-289.

VAUGHAN W J,RODRIGUEZ D J,2001.Obtaining welfare bounds in discrete-response valuation studies:comment[J].Land Economics,77(3):457-465.

VERBIC M,SLABE-ERKER R,2009.An econometric analysis of willingness-to-pay for sustainable development: A case study of the VolcjiPotok landscape area[J]. Ecological Economics,68:1316-1328.

VENKATACHALAM L,2004.The contingent valuation method:A review[J]. Environmental Impact Assessment Review,24(1):89-124.

WALSH R G,LOOMIS J B, GILLMAN R A,1984.Valuing option, existence, and bequest demands for wilderness[J]. Land Economics ,60(1):14-29.

WATTAGE P A,2001.Targeted literature review:contingent valuation method[M]. Portsmouth:University of Portsmouth:4-8.

WELSH M P,POE G L,1998.Elicitation effects in contingent valuation:comparisons to a multiple bounded discrete choice approach[J].Journal of Environment Economic Management,36 (1):170–185.

WILLIS K G,BENSON J F,1989.Recreational value of forests[J].Forestry, 62(2): 93-110.

WILLIS K G,GARROD G D,1992. Amenity value of forestry in Great Britain and its impact on lhe interal rate of return from forestry[J].Forestry, 65(3):331-346.

WHITEHEAD J C,BLOMQUIST G C,1991.Measuring contingent values for wetlands:effects of information about related environmental goods[J].Water Resources Research,27(10):2523-2531.

WHITTINGTON D,BRISCOE J,XINMIN M,et al.,1990. Estimating the willingness to pay for water services in developing countries: a case study of the use of contingent valuation surveys in Southern Haiti[J].Economic Development and Cultural Change, 38(2):293.

WHITTINGTON D,SMITH V K,OKORAFOR A, et al.,1992.Giving respondents time to think in contingent valuation studies:A developing country application[J]. Journal of Environmental Economics and Manage-ment, 22(3):205-225.

附录I　支付卡引导技术调查问卷

您好：

我们是福建农林大学学生，为了改善森林公园旅游质量，让游客对森林公园更满意，在做一项学术研究，涉及森林公园游憩价值的调查，想征求您对森林公园的看法，请您把合适的选项填列在对应的括号里。您所填列的信息仅供学术研究之用，我们对您的信息绝对保密，谢谢您在百忙之中填写此问卷！

第一部分　有关您的满意度

1. 您对这次福州国家森林公园旅行还满意吗？（　）

A. 非常满意　B. 满意　C. 一般

D. 不满意　E. 非常不满意

2. 近两年，您来福州国家森林公园总共旅游的次数？（　）

A. 5 次以上　B. 4 次　C. 3 次

D. 2 次　E. 1 次

3. 您愿意向他人推荐福州国家森林公园吗？（　）

A. 非常愿意　B. 愿意　C. 无所谓

D. 不愿意　E. 非常不愿意

4. 您对福州国家森林公园下列各项的满意程度是（请打钩）：

项目	A. 非常满意	B. 满意	C. 感觉一般	D. 不满意	E. 非常不满意
景观质量					
生态环境					
基础设施					
娱乐设施					

续表

项目	A. 非常满意	B. 满意	C. 感觉一般	D. 不满意	E. 非常不满意
卫生条件					
服务质量					
旅游体验					
生态文化教育					

5. 您预计多长时间内还会来福州国家森林公园？（　）

A. 1个月之内　B. 6个月之内　C. 1年之内

D. 不确定　E. 永远不会再来

第二部分　旅游成本部分

1. 您从出发地到达福州国家森林公园的交通时间大概是多少？

省内：（　）

A. 1小时以内　B. 1～2小时　C. 2～3小时

D. 3～4小时　E. 4小时以上

省外：（　）

A. 6小时以内　B. 6～12小时

C. 12～18小时　D. 18～24小时

2. 您从出发地到达福州国家森林公园交通费用大概是多少？（　）

A. 0～5元　B. 6～10元　C. 11～50元　D. 51～200元

E. 201～500元　F. 501～2000元　G. 2000元以上

3. 您在福州国家森林公园景区内的全部费用大概是（平均每人）？（　）

A. 50元以下　B. 51～100元　C. 101～150元

D. 151～250元　E. 251～400元　F. 400元以上

4. 您打算在福州国家森林公园游玩多长时间？（　）

A. 半天　B. 一天　C. 一天半

D. 两天　E. 两天以上

5. 您此次出行在福州每天的住宿费用大概是多少？（　）

A. 100元以下　B. 101～150元　C. 151 ~ 200元

D. 201～250元　E. 251～300元　F. 300元以上

第三部分 WTP/WTA 部分

1. 福州国家森林公园运行的维护费用需要大家共同承担，如果让您自愿支付一定的维护费用您是否愿意？（ ）

A. 愿意 （请勾选下面最愿意支付的金额，单位：元） B. 不愿意

1	2	3	4	5	6	7	8	9	10
11	12	13	14	15	16	17	18	19	20
25	30	35	40	45	50	60	70	80	100
120	140	160	200	250	300	350	400	500	600
700	800	900	1 000	1 500	2 000	3 000	4 000	5 000	

2. 如果不愿意支付，原因是？（ ）

A. 个人经济能力有限，无力支付

B. 本人认为这项费用应由政府支付，不应由个人支付，本人拒绝支付

C. 我已纳税，拒绝再次支付

D. 福州国家森林公园距离自已太远，受益较小

E. 本人认为森林公园质量不值得支付

3. 您会选择哪种支付方式？（ ）

A. 现金 B. 转账 C. 纳税

D. 希望征收门票 E. 其他

4. 如果补偿您一定的货币，然后每年不让您到福州国家森林公园旅游（假设其他森林公园都是收费的），您是否愿意？（ ）

A. 是（请勾选最愿意接受补偿的金额，单位：元） B. 否

1	2	3	4	5	6	7	8	9	10
11	12	13	14	15	16	17	18	19	20
25	30	35	40	45	50	60	70	80	100
120	140	160	200	250	300	350	400	500	600
700	800	900	1 000	1 500	2 000	3 000	4 000	5 000	

5. 希望得到补偿的理由是？（ ）

A. 国家森林公园是全民共有财产，剥夺我的权利，应当给予补偿

B. 我已纳税，我享受不到福州森林公园带来的游玩乐趣，应该把税费退还

给我

C. 不让我去福州森林公园旅游，影响我的心情愉悦程度，应该给予精神补偿

D. 无法享受到福州森林公园带来的新鲜空气，个人健康受到损害

E. 其他

第四部分 游客基本情况

1. 您的性别？（ ）

A. 男 B. 女

2. 您的年龄？( )

A. 20岁以下 B. 21～40岁

C. 41～60岁 D. 61岁以上

3. 您的家庭人口数？（ ）

A. 1～2人 B. 3～4人 C. 5人及以上

4. 您的文化程度？（ ）

A. 初中以下 B. 高中与中专

C. 大专或本科 D. 研究生

5. 您的职业？（ ）

A. 行政事业单位人员 B. 企业单位人员 C. 自由职业者

D. 退休人员 E. 学生及其他

6. 您的职称是？（ ）

A. 高级 B. 中级

C. 初级 D. 无职称

7. 您个人的月均收入？（ ）

A. 2 000元以下 B. 2 001～4 000元 C. 4 001～6 000元

D. 6 001～8 000元 E. 8 001～10 000元 F. 10 000元以上

8. 您的来源地？（ ）

A. 福州市 B. 福建省内 C. 其他省份

9. 您的居住地为？（ ）

A. 市区 B. 市郊 C. 农村

附录 II　二分式引导技术调查问卷

附录 II-1　国家森林公园游憩价值评价问卷调查表（A 卷）

您好：

我们是福建农林大学学生，为了改善森林公园旅游质量，让游客对森林公园更满意，在做一项学术研究，涉及森林公园游憩价值的调查，想征求您对森林公园的看法，请您把合适的选项填列在对应的括号里。您所填列的信息仅供学术研究之用，我们对您的信息绝对保密，谢谢您在百忙之中填写此问卷！

第一部分　有关您的满意度

1. 您对这次福州国家森林公园旅行还满意吗？（　）

A. 非常满意　B. 满意　C. 一般

D. 不满意　E. 非常不满意

2. 近两年，您来福州国家森林公园总共旅游的次数？（　）

A. 5 次以上　B. 4 次　C. 3 次

D. 2 次　E. 1 次

3. 您愿意向他人推荐福州国家森林公园吗？（　）

A. 非常愿意　B. 愿意　C. 无所谓

D. 不愿意　E. 非常不愿意

4. 您对福州国家森林公园下列各项的满意程度是（请打钩）：

项目	A. 非常满意	B. 满意	C. 感觉一般	D. 不满意	E. 非常不满意
景观质量					
生态环境					

续表

项目	A. 非常满意	B. 满意	C. 感觉一般	D. 不满意	E. 非常不满意
基础设施					
娱乐设施					
卫生条件					
服务质量					
旅游体验					
生态文化教育					

5. 您预计多长时间内还会来福州国家森林公园？（　）

A. 1个月之内　B. 6个月之内　C. 1年之内

D. 不确定　E. 永远不会再来

第二部分　旅游成本部分

1. 您从出发地到达福州国家森林公园的交通时间大概是多少？

省内：（　）

A. 1小时以内　B. 1～2小时　C. 2～3小时

D. 3～4小时　E. 4小时以上

省外：（　）

A. 6小时以内　B. 6～12小时

C. 12～18小时　D. 18～24小时

2. 您从出发地到达福州国家森林公园交通费用大概是多少？（　）

A. 0～5元　B. 6～10元　C. 11～50元　D. 51～200元

E. 201～500元　F. 501～2 000元　G. 2 000元以上

3. 您在福州国家森林公园景区内的全部费用大概是（平均每人）？（　）

A. 50元以下　B. 51～100元　C. 101～150元

D. 151～250元　E. 251～400元　F. 400元以上

4. 您打算在福州国家森林公园游玩多长时间？（　）

A. 半天　B. 一天　C. 一天半

D. 两天　E. 两天以上

5. 您此次出行在福州每天的住宿费用大概是多少？（　）

A. 100元以下　B. 101～150元　C. 151～200元

D. 201 ～ 250 元　E. 251 ～ 300 元　F. 300 元以上

第三部分　WTP/WTA 部分

1. 福州国家森林公园运行的维护费用需要大家共同承担，您是否愿意支付一定的维护费用？（　　）

A. 愿意（进入第 3 题）　B. 不愿意（进入第 2 题）

2. 如果不愿意支付，原因是？（　　）

A. 个人经济能力有限，无力支付

B. 本人认为这项费用应由政府支付，不应由个人支付，本人拒绝支付

C. 我已纳税，拒绝再次支付

D. 福州国家森林公园距离自己太远，受益较小

E. 本人认为森林公园质量不值得支付

3. 如果您愿意支付，您是否愿意支付 **10** 元？

A. 愿意（进入第 4A 题）　　B. 不愿意（进入第 4B 题）

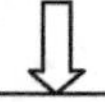

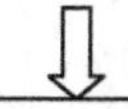

4A. 您是否愿意支付 **20** 元？

A. 愿意　B. 不愿意

5A. 如果不愿意，请写出您愿意支付的金额:__________元。

4B. 您是否愿意支付 **5** 元？

A. 愿意　B. 不愿意

5B. 如果不愿意，请写出您愿意支付的金额:__________元。

6. 您会选择哪种支付方式？（　　）

A. 现金　B. 转账　C. 纳税

D. 希望征收门票　E. 其他

7. 如果补偿您一定的货币，然后每年不让您到福州国家森林公园旅游（假设其他森林公园都是收费的），您是否愿意？（　　）

A. 愿意（继续第 8、9 题）　B. 不愿意

8. 如果愿意，请写出您每年愿意接受补偿的最小金额：________元（可从下表中选择）。

1	2	3	4	5	6	7	8	9	10
11	12	13	14	15	16	17	18	19	20

续表

25	30	35	40	45	50	60	70	80	100
120	140	160	200	250	300	350	400	500	600
700	800	900	1 000	1 500	2 000	3 000	4 000	5 000	

9. 如果愿意，希望得到补偿的理由是（　　）。

A. 国家森林公园是全民共有财产，剥夺我的权利，应当给予补偿

B. 我已纳税，我享受不到福州森林公园带来的游玩乐趣，应该把税费退还给我

C. 不让我去福州森林公园旅游，影响我的心情愉悦程度，应该给予精神补偿

D. 无法享受到福州森林公园带来的新鲜空气，个人健康受到损害

E. 其他

第四部分　游客基本情况

1. 您的性别？（　）

A. 男　　B. 女

2. 您的年龄？（　）

A. 20 岁以下　B. 21 ～ 40 岁

C. 41 ～ 60 岁　D. 61 岁以上

3. 您的家庭人口数？（　）

A. 1 ～ 2 人　B. 3 ～ 4 人　C. 5 人及以上

4. 您的文化程度？（　）

A. 初中以下　B. 高中与中专

C. 大专或本科　D. 研究生

5. 您的职业？（　）

A. 行政事业单位人员 B. 企业单位人员 C. 自由职业者

D. 退休人员　E. 学生及其他

6. 您的职称是？（　）

A. 高级　B. 中级

C. 初级　D. 无职称

7. 您个人的月均收入？（　）

A. 2 000 元以下　　B. 2 001 ～ 4 000 元　　C. 4 001 ～ 6 000 元
D. 6 001 ～ 8 000 元　　E. 8 001 ～ 10 000 元　　F. 10 000 元以上

8. 您的来源地？（　）
A. 福州市　　B. 福建省内　　C. 其他省份

9. 您的居住地为？（　）
A. 市区　　B. 市郊　　C 农村

附录 II-2　国家森林公园游憩价值评价问卷调查表（B 卷）

您好：

我们是福建农林大学学生，为了改善森林公园旅游质量，让游客对森林公园更满意，在做一项学术研究，涉及森林公园游憩价值的调查，想征求您对森林公园的看法，请您把合适的选项填列在对应的括号里。您所填列的信息仅供学术研究之用，我们对您的信息绝对保密，谢谢您在百忙之中填写此问卷！

第一部分　有关您的满意度

1. 您对这次福州国家森林公园旅行还满意吗？（　）
A. 非常满意　　B. 满意　　C. 一般
D. 不满意　　E. 非常不满意

2. 近两年，您来福州国家森林公园总共旅游的次数？（　）
A. 5 次以上　　B. 4 次　　C. 3 次
D. 2 次　　E. 1 次

3. 您愿意向他人推荐福州国家森林公园吗？（　）
A. 非常愿意　　B. 愿意　　C. 无所谓
D. 不愿意　　E. 非常不愿意

4. 您对福州国家森林公园下列各项的满意程度是（请打钩）：

项目	A. 非常满意	B. 满意	C. 感觉一般	D. 不满意	E. 非常不满意
景观质量					
生态环境					
基础设施					
娱乐设施					

续表

项目	A. 非常满意	B. 满意	C. 感觉一般	D. 不满意	E. 非常不满意
卫生条件					
服务质量					
旅游体验					
生态文化教育					

5. 您预计多长时间内还会来福州国家森林公园？（ ）

A. 1 个月之内　B. 6 个月之内　C. 1 年之内

D. 不确定　E. 永远不会再来

第二部分　旅游成本部分

1. 您从出发地到达福州国家森林公园的交通时间大概是多少？

省内：（ ）

A. 1 小时以内　B. 1 ～ 2 小时　C. 2 ～ 3 小时

D. 3 ～ 4 小时　E. 4 小时以上

省外：（ ）

A. 6 小时以内　B. 6 ～ 12 小时

C. 12 ～ 18 小时　D. 18 ～ 24 小时

2. 您从出发地到达福州国家森林公园交通费用大概是多少？（ ）

A. 0 ～ 5 元　B. 6 ～ 10 元　C. 11 ～ 50 元　D. 51 ～ 200 元

E. 201 ～ 500 元　F. 501 ～ 2 000 元　G. 2 000 元以上

3. 您在福州国家森林公园景区内的全部费用大概是（平均每人）？（ ）

A. 50 元以下　B. 51 ～ 100 元　C. 101 ～ 150 元

D. 151 ～ 250 元　E. 251 ～ 400 元　F. 400 元以上

4. 您打算在福州国家森林公园游玩多长时间？（ ）

A. 半天　B. 一天　C. 一天半

D. 两天　E. 两天以上

5. 您此次出行在福州每天的住宿费用大概是多少？（ ）

A. 100 元以下　B. 101 ～ 150 元　C. 151 ～ 200 元

D. 201 ～ 250 元　E. 251 ～ 300 元　F. 300 元以上

第三部分 WTP/WTA 部分

1. 福州国家森林公园运行的维护费用需要大家共同承担，您是否愿意支付一定的维护费用？（ ）

A. 愿意（进入第 3 题） B. 不愿意（进入第 2 题）

2. 如果不愿意支付，原因是？（ ）

A. 个人经济能力有限，无力支付

B. 本人认为这项费用应由政府支付，不应由个人支付，本人拒绝支付

C. 我已纳税，拒绝再次支付

D. 福州国家森林公园距离自己太远，受益较小

E. 本人认为森林公园质量不值得支付

3. 如果您愿意支付，您是否愿意支付 20 元？

A. 愿意（进入第 4A 题） B. 不愿意（进入第 4B 题）

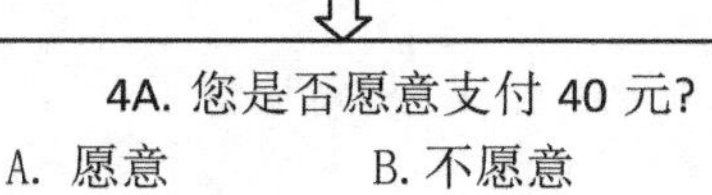

4A. 您是否愿意支付 40 元？

A. 愿意 B. 不愿意

5A. 如果不愿意，请写出您愿意支付的金额：__________元。

4B. 您是否愿意支付 10 元？

A. 愿意 B. 不愿意

5B. 如果不愿意，请写出您愿意支付的金额：__________元。

6. 您会选择哪种支付方式？（ ）

A. 现金 B. 转账 C. 纳税

D. 希望征收门票 E. 其他

7. 如果补偿您一定的货币，然后每年不让您到福州国家森林公园旅游（假设其他森林公园都是收费的），您是否愿意？（ ）

A. 愿意（继续第 8、9 题） B. 不愿意

8. 如果愿意，请写出您每年愿意接受补偿的最小金额：________元（可从下表中选择）。

1	2	3	4	5	6	7	8	9	10
11	12	13	14	15	16	17	18	19	20
25	30	35	40	45	50	60	70	80	100
120	140	160	200	250	300	350	400	500	600
700	800	900	1 000	1 500	2 000	3 000	4 000	5 000	

9. 如果愿意，希望得到补偿的理由是？（　　）

A. 国家森林公园是全民共有财产，剥夺我的权利，应当给予补偿

B. 我已纳税，我享受不到福州森林公园的带来的游玩乐趣，应该把税费退还给我

C. 不让我去福州森林公园旅游，影响我的心情愉悦程度，应该给予精神补偿

D. 无法享受到福州森林公园带来的新鲜空气，个人健康受到损害

E. 其他

第四部分　游客基本情况

1. 您的性别？（　　）

A. 男　　　B. 女

2. 您的年龄？（　　）

A. 20岁以下　　B. 21～40岁

C. 41～60岁　　D. 61岁以上

3. 您的家庭人口数？（　　）

A. 1～2人　B. 3～4人　C. 5人及以上

4. 您的文化程度？（　　）

A. 初中以下　　　B. 高中与中专

C. 大专或本科　　D. 研究生

5. 您的职业？（　　）

A. 行政事业单位人员 B. 企业单位人员 C. 自由职业者

D. 退休人员　　　E. 学生及其他

6. 您的职称是？（　　）

A. 高级　　　B. 中级

C. 初级　　　D. 无职称

7. 您个人的月均收入？（　　）

A. 2 000元以下　　B. 2 001～4 000元　　C. 4 001～6 000元

D. 6 001～8 000元　E. 8 001～10 000元　　F. 10 000元以上

8. 您的来源地？（　　）

A. 福州市　　　B. 福建省内　　　C. 其他省份

9. 您的居住地为？（ ）

A. 市区 B. 市郊 C 农村

附录II-3 国家森林公园游憩价值评价问卷调查表（C卷）

您好：

我们是福建农林大学学生，为了改善森林公园旅游质量，让游客对森林公园更满意，在做一项学术研究，涉及森林公园游憩价值的调查，想征求您对森林公园的看法，请您把合适的选项填列在对应的括号里。您所填列的信息仅供学术研究之用，我们对您的信息绝对保密，谢谢您在百忙之中填写此问卷！

第一部分 有关您的满意度

1. 您对这次福州国家森林公园旅行还满意吗？（ ）

A. 非常满意 B. 满意 C. 一般

D. 不满意 E. 非常不满意

2. 近两年，您来福州国家森林公园总共旅游的次数？（ ）

A. 5 次以上 B. 4 次 C. 3 次

D. 2 次 E. 1 次

3. 您愿意向他人推荐福州国家森林公园吗？（ ）

A. 非常愿意 B. 愿意 C. 无所谓

D. 不愿意 E. 非常不愿意

4. 您对福州国家森林公园下列各项的满意程度是（请打钩）：

项目	A. 非常满意	B. 满意	C. 感觉一般	D. 不满意	E. 非常不满意
景观质量					
生态环境					
基础设施					
娱乐设施					
卫生条件					
服务质量					
旅游体验					
生态文化教育					

5. 您预计多长时间内还会来福州国家森林公园？（　）

A. 1个月之内　B. 6个月之内　C. 1年之内

D. 不确定　E. 永远不会再来

第二部分　旅游成本部分

1. 您从出发地到达福州国家森林公园的交通时间大概是多少？

省内：（　）

A. 1小时以内　B. 1～2小时　C. 2～3小时

D. 3～4小时　E. 4小时以上

省外：（　）

A. 6小时以内　B. 6～12小时

C. 12～18小时　D. 18～24小时

2. 您从出发地到达福州国家森林公园交通费用大概是多少？（　）

A. 0～5元　B. 6～10元　C. 11～50元　D. 51～200元

E. 201～500元　F. 501～2 000元　G. 2 000元以上

3. 您在福州国家森林公园景区内的全部费用大概是（平均每人）？（　）

A. 50元以下　B. 51～100元　C. 101～150元

D. 151～250元　E. 251～400元　F. 400元以上

4. 您打算在福州国家森林公园游玩多长时间？（　）

A. 半天　B. 一天　C. 一天半

D. 两天　E. 两天以上

5. 您此次出行在福州每天的住宿费用大概是多少？（　）

A. 100元以下　B. 101～150元　C. 151～200元

D. 201～250元　E. 251～300元　F. 300元以上

第三部分　WTP/WTA部分

1. 福州国家森林公园运行的维护费用需要大家共同承担，您是否愿意支付一定的维护费用？（　）

A. 愿意（进入第3题）　B. 不愿意（进入第2题）

2. 如果不愿意支付，原因是？（ ）

A. 个人经济能力有限，无力支付

B. 本人认为这项费用应由政府支付，不应由个人支付，本人拒绝支付

C. 我已纳税，拒绝再次支付

D. 福州国家森林公园距离自己太远，受益较小

E. 本人认为森林公园质量不值得支付

3. 如果您愿意支付，您是否愿意支付 30 元？
A. 愿意（进入第 4A 题） B. 不愿意（进入第 4B 题）

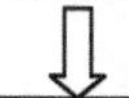

4A. 您是否愿意支付 60 元？
A. 愿意 B. 不愿意
5A. 如果不愿意，请写出您愿意支付的金额：________元。

4B. 您是否愿意支付 15 元？
A. 愿意 B. 不愿意
5B. 如果不愿意，请写出您愿意支付的金额：________元。

6. 您会选择哪种支付方式？（ ）

A. 现金 B. 转账 C. 纳税

D. 希望征收门票 E. 其他

7. 如果补偿您一定的货币，然后每年不让您到福州国家森林公园旅游（假设其他森林公园都是收费的），您是否愿意？（ ）

A. 愿意（继续第 8、9 题） B. 不愿意

8. 如果愿意，请写出您每年愿意接受补偿的最小金额：________元（可从下表中选择）。

1	2	3	4	5	6	7	8	9	10
11	12	13	14	15	16	17	18	19	20
25	30	35	40	45	50	60	70	80	100
120	140	160	200	250	300	350	400	500	600
700	800	900	1 000	1 500	2 000	3 000	4 000	5 000	

9. 如果愿意，希望得到补偿的理由是？（ ）

A. 国家森林公园是全民共有财产，剥夺我的权利，应当给予补偿

B. 我已纳税，我享受不到福州森林公园带来的游玩乐趣，应该把税费退还给我

C. 不让我去福州森林公园旅游，影响我的心情愉悦程度，应该给予精神补偿

D. 无法享受到福州森林公园带来的新鲜空气，个人健康受到损害

E. 其他

第四部分　游客基本情况

1. 您的性别？（　）

A. 男　　B. 女

2. 您的年龄？（　）

A. 20 岁以下　　B. 21 ～ 40 岁

C. 41 ～ 60 岁　　D. 61 岁以上

3. 您的家庭人口数？（　）

A. 1 ～ 2 人　B. 3 ～ 4 人　C. 5 人及以上

4. 您的文化程度？（　）

A. 初中以下　　B. 高中与中专

C. 大专或本科　　D. 研究生

5. 您的职业？（　）

A. 行政事业单位人员　B. 企业单位人员　C. 自由职业者

D. 退休人员　　E. 学生及其他

6. 您的职称是？（　）

A. 高级　　B. 中级

C. 初级　　D. 无职称

7. 您个人的月均收入？（　）

A. 2 000 元以下　B. 2 001 ～ 4 000 元　C. 4 001 ～ 6 000 元

D. 6 001 ～ 8 000 元　E. 8 001 ～ 10 000 元　F. 10 000 元以上

8. 您的来源地？（　）

A. 福州市　　B. 福建省内　　C. 其他省份

9. 您的居住地为？（　）

A. 市区　　B. 市郊　　C 农村

附录II-4 国家森林公园游憩价值评价问卷调查表（D卷）

您好：

我们是福建农林大学学生，为了改善森林公园旅游质量，让游客对森林公园更满意，在做一项学术研究，涉及森林公园游憩价值的调查，想征求您对森林公园的看法，请您把合适的选项填列在对应的括号里。您所填列的信息仅供学术研究之用，我们对您的信息绝对保密，谢谢您在百忙之中填写此问卷！

第一部分 有关您的满意度

1. 您对这次福州国家森林公园旅行还满意吗？（ ）

A. 非常满意 B. 满意 C. 一般

D. 不满意 E. 非常不满意

2. 近两年，您来福州国家森林公园总共旅游的次数？（ ）

A. 5次以上 B. 4次 C. 3次

D. 2次 E. 1次

3. 您愿意向他人推荐福州国家森林公园吗？（ ）

A. 非常愿意 B. 愿意 C. 无所谓

D. 不愿意 E. 非常不愿意

4. 您对福州国家森林公园下列各项的满意程度是（请打钩）：

项目	A. 非常满意	B. 满意	C. 感觉一般	D. 不满意	E. 非常不满意
景观质量					
生态环境					
基础设施					
娱乐设施					
卫生条件					
服务质量					
旅游体验					
生态文化教育					

5. 您预计多长时间内还会来福州国家森林公园？（ ）

A. 1个月之内 B. 6个月之内 C. 1年之内

D. 不确定　　E. 永远不会再来

第二部分　旅游成本部分

1. 您从出发地到达福州国家森林公园的交通时间大概是多少？

省内：（　）

A. 1 小时以内　B. 1 ～ 2 小时　C. 2 ～ 3 小时

D. 3 ～ 4 小时　　E. 4 小时以上

省外：（　）

A. 6 小时以内　　B. 6 ～ 12 小时

C. 12 ～ 18 小时　　D. 18 ～ 24 小时

2. 您从出发地到达福州国家森林公园交通费用大概是多少？（　）

A. 0 ～ 5 元　　B. 6 ～ 10 元　　C. 11 ～ 50 元　　D. 51 ～ 200 元

E. 201 ～ 500 元　　F. 501 ～ 2 000 元　　G. 2 000 元以上

3. 您在福州国家森林公园景区内的全部费用大概是（平均每人）？（　）

A. 50 元以下　B. 51 ～ 100 元　C. 101 ～ 150 元

D. 151 ～ 250 元　E. 251 ～ 400 元　F. 400 元以上

4. 您打算在福州国家森林公园游玩多长时间？（　）

A. 半天　　B. 一天　　C. 一天半

D. 两天　　E. 两天以上

5. 您此次出行在福州每天的住宿费用大概是多少？（　）

A. 100 元以下　B. 101 ～ 150 元　C. 151 ～ 200 元

D. 201 ～ 250 元　E. 251 ～ 300 元　F. 300 元以上

第三部分　WTP/WTA 部分

1. 福州国家森林公园运行的维护费用需要大家共同承担，您是否愿意支付一定的维护费用？（　）

A. 愿意（进入第 3 题）　　B. 不愿意（进入第 2 题）

2. 如果不愿意支付，原因是？（　）

A. 个人经济能力有限，无力支付

B. 本人认为这项费用应由政府支付，不应由个人支付，本人拒绝支付

C. 我已纳税，拒绝再次支付

D. 福州国家森林公园距离自己太远，受益较小

E. 本人认为森林公园质量不值得支付

3. 如果您愿意支付，您是否愿意支付 40 元？
A. 愿意（进入第 4A 题） B. 不愿意（进入第 4B 题）

⇩

4A. 您是否愿意支付 80 元？
A. 愿意 B. 不愿意
5A. 如果不愿意，请写出您愿意支付的金额：____________元。

⇩

4B. 您是否愿意支付 20 元？
A. 愿意 B. 不愿意
5B. 如果不愿意，请写出您愿意支付的金额：____________元。

6. 您会选择哪种支付方式？（ ）

A. 现金 B. 转账 C. 纳税

D. 希望征收门票 E. 其他

7. 如果补偿您一定的货币，然后每年不让您到福州国家森林公园旅游（假设其他森林公园都是收费的），您是否愿意？（ ）

A. 愿意（继续第 8、9 题） B. 不愿意

8. 如果愿意，请写出您每年愿意接受补偿的最小金额：_________元（可从下表中选择）。

1	2	3	4	5	6	7	8	9	10
11	12	13	14	15	16	17	18	19	20
25	30	35	40	45	50	60	70	80	100
120	140	160	200	250	300	350	400	500	600
700	800	900	1 000	1 500	2 000	3 000	4 000	5 000	

9. 如果愿意，希望得到补偿的理由是？（ ）

A. 国家森林公园是全民共有财产，剥夺我的权利，应当给予补偿

B. 我已纳税，我享受不到福州森林公园带来的游玩乐趣，应该把税费退还给我

C. 不让我去福州森林公园旅游，影响我的心情愉悦程度，应该给予精神补偿

D. 无法享受到福州森林公园带来的新鲜空气，个人健康受到损害

E. 其他

第四部分　游客基本情况

1. 您的性别？（　）

A. 男　　B. 女

2. 您的年龄？（　）

A. 20 岁以下　　B. 21 ～ 40 岁

C. 41 ～ 60 岁　　D. 61 岁以上

3. 您的家庭人口数？（　）

A. 1 ～ 2 人　B. 3 ～ 4 人　C. 5 人及以上

4. 您的文化程度？（　）

A. 初中以下　　B. 高中与中专

C. 大专或本科　　D. 研究生

5. 您的职业？（　）

A. 行政事业单位人员 B. 企业单位人员 C. 自由职业者

D. 退休人员　　E. 学生及其他

6. 您的职称是？（　）

A. 高级　　B. 中级

C. 初级　　D. 无职称

7. 您个人的月均收入？（　）

A. 2 000 元以下　　B. 2 001 ～ 4 000 元　　C. 4 001 ～ 6 000 元

D. 6 001 ～ 8 000 元　E. 8 001 ～ 10 000 元　　F. 10 000 元以上

8. 您的来源地？（　）

A. 福州市　　B. 福建省内　　C. 其他省份

9. 您的居住地为？（　）

A. 市区　　B. 市郊　　C 农村

附录II-5 国家森林公园游憩价值评价问卷调查表（E卷）

您好：

我们是福建农林大学学生，为了改善森林公园旅游质量，让游客对森林公园更满意，在做一项学术研究，涉及森林公园游憩价值的调查，想征求您对森林公园的看法，请您把合适的选项填列在对应的括号里。您所填列的信息仅供学术研究之用，我们对您的信息绝对保密，谢谢您在百忙之中填写此问卷！

第一部分 有关您的满意度

1. 您对这次福州国家森林公园旅行还满意吗？（ ）

A. 非常满意 B. 满意 C. 一般

D. 不满意 E. 非常不满意

2. 近两年，您来福州国家森林公园总共旅游的次数？（ ）

A. 5 次以上 B. 4 次 C. 3 次

D. 2 次 E. 1 次

3. 您愿意向他人推荐福州国家森林公园吗？（ ）

A. 非常愿意 B. 愿意 C. 无所谓

D. 不愿意 E. 非常不愿意

4. 您对福州国家森林公园下列各项的满意程度是（请打钩）：

项目	A. 非常满意	B. 满意	C. 感觉一般	D. 不满意	E. 非常不满意
景观质量					
生态环境					
基础设施					
娱乐设施					
卫生条件					
服务质量					
旅游体验					
生态文化教育					

5. 您预计多长时间内还会来福州国家森林公园？（ ）

A. 1 个月之内 B. 6 个月之内 C. 1 年之内

D. 不确定　　E. 永远不会再来

第二部分　旅游成本部分

1. 您从出发地到达福州国家森林公园的交通时间大概是多少？

省内：（　）

A. 1 小时以内　B. 1 ～ 2 小时　C. 2 ～ 3 小时

D. 3 ～ 4 小时　E. 4 小时以上

省外：（　）

A. 6 小时以内　B. 6 ～ 12 小时

C. 12 ～ 18 小时　D. 18 ～ 24 小时

2. 您从出发地到达福州国家森林公园交通费用大概是多少？（　）

A. 0 ～ 5 元　B. 6 ～ 10 元　C. 11 ～ 50 元　D. 51 ～ 200 元

E. 201 ～ 500 元　F. 501 ～ 2 000 元　G. 2 000 元以上

3. 您在福州国家森林公园景区内的全部费用大概是（平均每人）？（　）

A. 50 元以下　B. 51 ～ 100 元　C. 101 ～ 150 元

D. 151 ～ 250 元　E. 251 ～ 400 元　F. 400 元以上

4. 您打算在福州国家森林公园游玩多长时间？（　）

A. 半天　B. 一天　C. 一天半

D. 两天　E. 两天以上

5. 您此次出行在福州每天的住宿费用大概是多少？（　）

A. 100 元以下　B. 101 ～ 150 元　C. 151 ～ 200 元

D. 201 ～ 250 元　E. 251 ～ 300 元　F. 300 元以上

第三部分　WTP/WTA 部分

1. 福州国家森林公园运行的维护费用需要大家共同承担，您是否愿意支付一定的维护费用？（　）

A. 愿意（进入第 3 题）　B. 不愿意（进入第 2 题）

2. 如果不愿意支付，原因是？（　）

A. 个人经济能力有限，无力支付

B. 本人认为这项费用应由政府支付，不应由个人支付，本人拒绝支付

C. 我已纳税，拒绝再次支付

D. 福州国家森林公园距离自己太远，受益较小

E. 本人认为森林公园质量不值得支付

3. 如果您愿意支付，您是否愿意支付 50 元？

A. 愿意（进入第 4A 题）　　　B. 不愿意（进入第 4B 题）

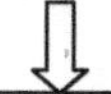

4A. 您是否愿意支付 100 元？

A. 愿意　　　B. 不愿意

5A. 如果不愿意，请写出您愿意支付的金额：________元。

4B. 您是否愿意支付 25 元？

A. 愿意　　　B. 不愿意

5B. 如果不愿意，请写出您愿意支付的金额：________元。

6. 您会选择哪种支付方式？（　　）

A. 现金　　B. 转账　　C. 纳税

D. 希望征收门票　E. 其他

7. 如果补偿您一定的货币，然后每年不让您到福州国家森林公园旅游（假设其他森林公园都是收费的），您是否愿意？（　　）

A. 愿意（继续第 8、9 题）　　B. 不愿意

8. 如果愿意，请写出您每年愿意接受补偿的最小金额：________元（可从下表中选择）。

1	2	3	4	5	6	7	8	9	10
11	12	13	14	15	16	17	18	19	20
25	30	35	40	45	50	60	70	80	100
120	140	160	200	250	300	350	400	500	600
700	800	900	1 000	1 500	2 000	3 000	4 000	5 000	

9. 如果愿意，希望得到补偿的理由是？（　　）

A. 国家森林公园是全民共有财产，剥夺我的权利，应当给予补偿

B. 我已纳税，我享受不到福州森林公园带来的游玩乐趣，应该把税费退还给我

C. 不让我去福州森林公园旅游，影响我的心情愉悦程度，应该给予精神补偿

D. 无法享受到福州森林公园带来的新鲜空气，个人健康受到损害

E. 其他

第四部分 游客基本情况

1. 您的性别？（ ）

A. 男　　B. 女

2. 您的年龄？（ ）

A. 20岁以下　　B. 21～40岁

C. 41～60岁　　D. 61岁以上

3. 您的家庭人口数？（ ）

A. 1～2人　B. 3～4人　C. 5人及以上

4. 您的文化程度？（ ）

A. 初中以下　　B. 高中与中专

C. 大专或本科　　D. 研究生

5. 您的职业？（ ）

A. 行政事业单位人员 B. 企业单位人员 C. 自由职业者

D. 退休人员　　E. 学生及其他

6. 您的职称是？（ ）

A. 高级　　B. 中级

C. 初级　　D. 无职称

7. 您个人的月均收入？（ ）

A. 2 000元以下　　B. 2 001～4 000元　　C. 4 001～6 000元

D. 6001～8000元　E. 8 001～10 000元　　F. 10 000元以上

8. 您的来源地？（ ）

A. 福州市　　B. 福建省内　　C. 其他省份

9. 您的居住地为？（ ）

A. 市区　　B. 市郊　　C 农村